Stefan Günther

Synthese von Polymeren ausgehend vom nachwachsenden Rohstoff Glycerin

Stefan Günther

Synthese von Polymeren ausgehend vom nachwachsenden Rohstoff Glycerin

Möglichkeiten zur stofflichen Nutzung von Glycerin bei der Polymersynthese

Südwestdeutscher Verlag für Hochschulschriften

Impressum / Imprint

Bibliografische Information der Deutschen Nationalbibliothek: Die Deutsche Nationalbibliothek verzeichnet diese Publikation in der Deutschen Nationalbibliografie; detaillierte bibliografische Daten sind im Internet über http://dnb.d-nb.de abrufbar.

Alle in diesem Buch genannten Marken und Produktnamen unterliegen warenzeichen-, marken- oder patentrechtlichem Schutz bzw. sind Warenzeichen oder eingetragene Warenzeichen der jeweiligen Inhaber. Die Wiedergabe von Marken, Produktnamen, Gebrauchsnamen, Handelsnamen, Warenbezeichnungen u.s.w. in diesem Werk berechtigt auch ohne besondere Kennzeichnung nicht zu der Annahme, dass solche Namen im Sinne der Warenzeichen- und Markenschutzgesetzgebung als frei zu betrachten wären und daher von jedermann benutzt werden dürften.

Bibliographic information published by the Deutsche Nationalbibliothek: The Deutsche Nationalbibliothek lists this publication in the Deutsche Nationalbibliografie; detailed bibliographic data are available in the Internet at http://dnb.d-nb.de.
Any brand names and product names mentioned in this book are subject to trademark, brand or patent protection and are trademarks or registered trademarks of their respective holders. The use of brand names, product names, common names, trade names, product descriptions etc. even without a particular marking in this works is in no way to be construed to mean that such names may be regarded as unrestricted in respect of trademark and brand protection legislation and could thus be used by anyone.

Coverbild / Cover image: www.ingimage.com

Verlag / Publisher:
Südwestdeutscher Verlag für Hochschulschriften
ist ein Imprint der / is a trademark of
AV Akademikerverlag GmbH & Co. KG
Heinrich-Böcking-Str. 6-8, 66121 Saarbrücken, Deutschland / Germany
Email: info@svh-verlag.de

Herstellung: siehe letzte Seite /
Printed at: see last page
ISBN: 978-3-8381-3523-6

Zugl. / Approved by: Hamburg, Universität, Diss., 2012

Copyright © 2012 AV Akademikerverlag GmbH & Co. KG
Alle Rechte vorbehalten. / All rights reserved. Saarbrücken 2012

"Die Neugier steht immer an erster Stelle eines Problems, das gelöst werden will."

Galileo Galilei
Philosoph, Mathematiker, Physiker, Astronom und „Erfinder" des Experiments.

Inhaltsverzeichnis

1. Einleitung 9
2. Motivation 11
3. Grundlagen und theoretischer Hintergrund 13
   - 3.1 Glycerin als nachhaltiger Rohstoff 13
     - 3.1.1 Physikalische und chemische Eigenschaften 13
     - 3.1.2 Darstellung, Verwendung und Folgeprodukte 14
     - 3.1.3 Darstellung von Allylalkohol 16
     - 3.1.4 Darstellung von Acetaldehyd aus nachwachsenden Rohstoffen 17
   - 3.2 Polymere: Darstellung und Eigenschaften 18
     - 3.2.1 Ausgewählte Polymerklassen und deren Eigenschaften 18
       - 3.2.1.1 Polyester 19
       - 3.2.1.2 Polyamide 19
       - 3.2.1.3 Polyurethane 20
     - 3.2.2 Molmassenverteilung 21
   - 3.3 Olefinmetathese 22
     - 3.3.1 Historisches zur Entwicklung der Olefinmetathese und ihre industrielle Nutzung 23
     - 3.3.2 Eigenschaften und Struktur der Olefinmetathesekatalysatoren 25
     - 3.3.3 Mechanismus der Olefinmetathese 26
     - 3.3.4 Anwendungsgebiete der Olefinmetathese 28
       - 3.3.4.1 Kreuzmetathese (CM) 28
       - 3.3.4.2 Ringöffnungsmetathese (ROM) und Ringöffnungspolymerisation (ROMP) 28
       - 3.3.4.3 Ringschlussmetathese und Acyclische Dien Metathese Polymerisation 29
       - 3.3.4.4 Isomerisierung als Nebenreaktion bei der Olefinmetathese 29
     - 3.3.5 ADMET als Stufenwachstumsreaktion 31
4. Monomersynthese 32
   - 4.1 Synthese von dienterminierten Verbindungen ausgehend von Allylalkohol 34
     - 4.1.1 Dimerisierung von Allylalkohol zu dienterminierten Monomeren 35
     - 4.1.2 Synthese von 4-Pentensäurepent-4-enylester 36
       - 4.1.2.1 Synthese von Acetaldehyddiallylacetal 37
       - 4.1.2.2 Synthese von Allylvinylether 37

	4.1.2.3	Synthese von 4-Pentenal aus Allylvinylether	40
	4.1.2.4	Darstellung von 4-Pentenal im Festbettreaktor	41
4.1.3		Synthese von 4-Pentensäure-4-pentenylester mit der Tishchenkoreaktion	44
4.1.4		Verseifung von 4-Pentensäurepent-4-enylester	45
4.1.5		Synthese von Monomeren ausgehend vom C_5-Baustein 4-Pentensäure	46
	4.1.5.1	Synthese von 4-Pentensäurechlorid	47
	4.1.5.2	Synthese von Estermonomeren ausgehend von 4-Pentensäurechlorid	48
	4.1.5.3	Synthese von Amidmonomeren ausgehend von 4-Pentensäure	49
4.1.6		Synthese von Monomeren ausgehend vom C_5-Baustein 4-Pentenol	50
	4.1.6.1	Synthese von Estermonomeren ausgehend von 4-Pentenol	50
	4.1.6.2	Synthese von Urethanmonomeren ausgehend von 4-Pentenol	51
	4.1.6.3	Synthese von Dipent-4-enylcarbonat	51

4.2 Synthese von Lactonen und Dilactonen mittels RCM ... 53

    4.2.1 Versuche der Cyclisierung von 4-Pentensäure-4-pentenylester ... 53

    4.2.2 Synthese von Bislactonen ... 54

4.3 Katalysierte Umlagerung von Epoxiden zu Aldehyden ... 56

    4.3.1 Synthese der Metallkomplexe ... 58

        4.3.1.1 Synthese des Metalloporphyrintriflatkomplexes ... 58

        4.3.1.2 Darstellung von Eisen(III)-salentriflatkomplexen ... 59

    4.3.2 Untersuchung der Epoxidumlagerung mit der Modellverbindung Butyloxiran ... 59

    4.3.3 Umlagerung von höher funktionalisierten Derivaten ... 61

5. ADMET der dargestellten terminalen Diene ... 63

5.1 Grundlagen der durchgeführten ADMETs ... 64

    5.1.1 Allgemeine Reaktionsbedingungen bei der ADMET ... 64

    5.1.2 Abschätzung des Zahlenmittels der Molmasse mittels ^{1}H-NMR-Spektroskopie ... 65

    5.1.3 Auswirkung der Umlagerungsreaktion bei der ADMET-Polymerisation ... 67

5.2 ADMET symmetrischer Diene ... 69

    5.2.1 Synthese aliphatischer Polyester und Polycarbonate mit der ADMET ... 69

    5.2.2 Untersuchung der Umlagerung anhand des Polymers des 1,6-Hexandiolpent-4-enats ... 71

    5.2.3 Untersuchungen zur Unterdrückung der Umlagerungsreaktion mit geeigneten Reagenzien ... 73

    5.2.4 Polymerisation von aromatischen Estern und Urethanen mit der ADMET ... 74

    5.2.5 Synthese von ungesättigten Polyamiden mit der ADMET-Polymerisation ... 76

    5.2.6 Untersuchung der Polymerstruktur mittels MALDI-ToF vom Polymer des Dipent-4-enylisophtalsäurediesters ... 77

Inhaltsverzeichnis

5.2.7 Untersuchung der Polymerstruktur mittels MALDI-ToF-Spektrometrie vom Polymer des Dipent-4-enyl-4-methyl-1,3-phenylendicarbamats 80

5.3 ADMET nicht symmetrischer Diene 83

    5.3.1.1 ADMET von Acrylsäure-4-pentenylester und 4-Pentensäure-4-pentenylester 83

    5.3.2 Untersuchung der Verknüpfung von Acrylsäure-4-pentenylester 84

    5.3.3 Untersuchung der Polymerstruktur vom Polymer des 4-Pentensäure-4-pentenylesters 87

5.4 ADMET von Dienen mit allylischen Doppelbindungen 88

    5.4.1 Versuch der Polymerisation von Acetaldehyddiallylacetal 88

    5.4.2 Versuch der Polymerisation von Ketalen 89

    5.4.3 Polymerisation von Pent-4-ensäureallyester und Pent-4-ensäureallyamid 89

5.5 Synthese von verzweigten und vernetzten Copolymeren 91

    5.5.1 Synthese von verzweigten und vernetzten Polymeren mit der ADMET 92

6. Zusammenfassung 94

7. Abstract 96

8. Experimenteller Teil 98

  8.1 Analytische Methoden 98

    8.1.1 Kernspinresonanzspektroskopie 98

    8.1.2 Säulenchromatographie 98

    8.1.3 Gel-Permeations-Chromatographie 98

    8.1.4 Differential-Scanning-Calorimetrie 99

    8.1.5 MALDI-ToF Analyse 99

    8.1.6 Gaschromatographie mit gekoppelter Massenspektrometrie 100

    8.1.7 Massenspektrometrie 100

  8.2 Synthese der Monomere 101

    8.2.1 Allgemeine Arbeitsvorschrift zur Veresterung von Säurechloriden (AVV 1) 101

    8.2.2 Allgemeine Arbeitsvorschrift zur Darstellung von Amiden (AVV 2) 104

    8.2.3 Allgemeine Arbeitsvorschrift zur Darstellung von Carbamaten (AVV 3) 105

    8.2.4 Allgemeine Arbeitsvorschrift zur Darstellung von Ketalen (AVV 4) 107

    8.2.5 Darstellung von Acetaldehyddiallylacetal 108

    8.2.6 Darstellung von 2,2-Dimethyl-1,3-dioxacyclohept-5-en 108

    8.2.7 Darstellung von Allyvinylether 109

    8.2.8 Darstellung von 4-Pentenal im Autoklav 110

8.2.9	Darstellung von 4-Pentenal im Mikrowellenreaktor	110
8.2.10	Darstellung von 4-Pentenal im Festbettreaktor	110
8.2.11	Darstellung von 4-Pentensäurepent-4-enylester	112
8.2.12	Darstellung von 4-Pentensäure und 4-Pentenol	112
8.2.13	Darstellung von Pent-4-ensäurechlorid	113
8.2.14	Synthese von 4-Pentensäure-1,1',1''(1,2,3-propantriyl)-ester	114
8.2.15	Darstellung von Di-4-pentenylcarbonat	115

8.3 Synthese von Metallkomplexen und Epoxidumlagerung 117

8.3.1	Darstellung von 5,10,15,20-Teraphenyl-21H, 23H-porphirin	117
8.3.2	Darstellung von Eisen(III)-meso-tetraphenylchlorid	118
8.3.3	Darstellung von Eisen(III)-meso-tetraphenyltriflat	119
8.3.4	1,2-Cyclohexyldiamino-N,N-bis-((3,5-di-tert-butyl)-salicyliden)-eisen(III)-triflat	120
8.3.5	Synthese von 1,2-Phenylendiamino-N,N-bis-((3,5-di-tert-butyl)-salicyliden)-eisen(III)-triflat	120
8.3.6	Umlagerung von Epoxiden zu Aldehyden (AVV 5)	121

8.4 Ringschlussmetathese zur Synthese von cyclischen Dilactonen 122

8.4.1	Synthese von (E,E)-1,7-Dioxacyclotetradeca-3,9-diene-2,8-dione	122
8.4.2	Cyclisierung von Pent-4-ensäureallyester	122

8.5 ADMET-Polymerisation und Abbau von terminalen Dienen 125

8.5.1	Allgemeine Arbeitsvorschrift zur ADMET-Polymerisation in Masse (AVV 6)	125
8.5.2	Polymerisation von dienterminierten Estern	125
8.5.3	Allgemeine Arbeitsvorschrift zur ADMET-Polymerisation im Lösungsmittel (AVV 7)	128
8.5.4	Allgemeine Arbeitsvorschrift zur Umesterung der Polymere (AVV 7)	130

9. Sicherheit und Entsorgung **132**

10. Literatur **137**

11. Anhang **141**

    11.1 Anhang A 141

    11.2 Anhang B 144

12. Danksagung **147**

Abkürzungsverzeichnis

allgemeine Abkürzungen

Abb.	Abbildung
ADMET	Acyclische Dien Metathese Polymerisation
AVV	Allgemeine Arbeitsvorschrift
CM	Kreuzmetathese (eng. = *cross metathesis*)
Đ	Polydispersität
FID	Flammenionisationsdetektor
GC	Gaschromatographie
GC-MS	Gaschromatographie mit gekoppelter Massenspektrometrie
Gl.	Gleichung
GPC	Gel-Permeations-Chromatographie
Kap.	Kapitel
MALDI-ToF	Matrix-unterstützte Laser-Desorption/Ionisation mit Flugzeitanalysator (eng. = *Matrix-assisted Laser Desorption/Ionization Time of Flight*)
NMR	Kernspinresonanzspektroskopie (eng. = *nuclear magnetic resonance*)
P	Polymerisationsgrad
RCM	Ringschlussmetathese
ROM	Ringöffnungsmetathese
ROP	Ringöffnungspolymerisation
ROMP	Ringöffnungsmetathesepolymerisation
SHOP	Shell Higher Olefin Prozess
Tab.	Tabelle

Chemikalien und Reaktionsführung

DCM	Dichlormethan
$CDCl_3$	deuteriertes Chloroform
CDI	1,1'-Carboxyldiimidazol
$CHCl_3$	Chloroform
DHB	2,5-Dihydroxibenzoesäure

Chemikalien und Reaktionsführung (Fortsetzung)

DiBAl-H	Diisobutylaluminiumhydrid
DMF	N,N'-Dimethylformamid
GH2	1,3-Bis-(2,4,6-trimethylphenyl)-2-imidazolidinyliden)dichloro (o-isopropoxyphenylmethylen)ruthenium
HCl	Salzsäure
KOH	Kaliumhydroxid
neat	Reaktion in Masse
NEt_3	Triethylamin
PET	Polyethylenterephthalat
RT	Raumtemperatur
tBu	*tert*-Butyl
TCQ	2,3,5,6-Tetrachloro-1,4-(p-)-benzoquinon
Tf	Triflat
THF	Tetrahydrofuran

Einheiten und Präfixe

°C	Grad Celsius
eq.	Äquivalente
g	Gramm
gew%	Gewichtsprozent
m	Meter
M	Molarität
µ	Mikro (10^{-6})
min	Minuten
mio	Million (10^6)
mL	Milliliter
Mn	Zahlenmittlere Molmasse
mol%	Molprozent
Mw	Gewichtsmittlere Molmasse
ppm	parts per Million (10^{-6})
t	Tonne
W	Watt

1. Kapitel

Einleitung

Erdöl ist aktuell einer der wichtigsten Rohstoffe unserer Volkswirtschaft. Die Energieversorgung, chemische Industrie und letztendlich unser Wohlstand sind in einem sehr hohen Maße abhängig von diesem endlichen Rohstoff. Dabei ist der massive Einsatz von fossilen Energieträgern, vor allem aufgrund der damit verbundenen Umweltbelastung, bedenklich. Auch die globale Erderwärmung ist nach der großen Mehrheit der Klimaforscher vor allem auf die exzessive Verwendung fossiler Rohstoffe zurückzuführen.[1]

Neben den Auswirkungen auf die Umwelt ist auch eine mittel- bis langfristige Senkung der Erdölförderung zu erwarten. Bei der aktuell starken Abhängigkeit unserer Volkswirtschaft von fossilen Rohstoffen wird diese Entwicklung gravierende gesellschaftliche Auswirkungen haben. Einige Studien gehen davon aus, dass das Fördermaximum („Peak Oil") bereits in dem nächsten Jahrzehnt erreicht sein wird und in den darauffolgenden Jahren die Förderung zurück gehen wird.[2] Weiterhin ist anzunehmen, dass die Nachfrage nach fossilen Rohstoffen, vor allen getrieben durch das starke Wirtschaftswachstum in den Schwellenländern, eher weiter steigt.

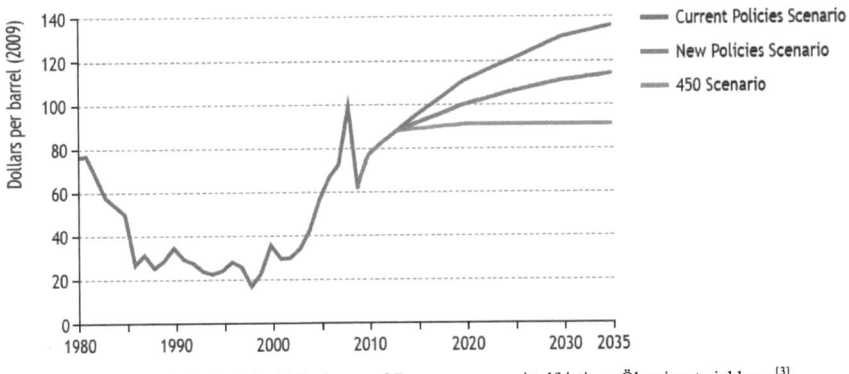

Abb. 1: Verlauf der bisherigen und Prognosen zur mittelfristigen Ölpreisentwicklung.[3]

Bei sinkender oder gleichbleibender Fördermenge ist durch diese Entwicklung ein starker Anstieg der Preise für Erdöl und dessen Folgeprodukte, wie die meisten heutigen kommerziell verwendeten

Kunststoffe, zu erwarten.[2] In Abb. 1 sind drei Szenarios der Entwicklung des Ölpreises prognostiziert.[3] Eine deutliche Erhöhung des Ölpreises ist demnach zu erwarten (Current/New Policies Scenario), außer die Staatengemeinschaft schaffe es den globalen Anstieg des Erdölkonsums durch tiefgreifende Maßnahmen zu verringern und dadurch auch die globale Erderwärmung auf unter 2 °C zu begrenzen (450 Scenario). Allen Prognosen gemein ist, dass die Verwendung von Erdöl entweder aus Kostengründen (Current/New Policies Scenario) oder wegen strengerer Regulierungen (450 Scenario) in näherer Zukunft ungünstiger wird. Diese absehbaren Entwicklungen haben teilweise zu einem gesellschaftlichen Umdenken geführt. Forschungsbemühungen im Bereich der erneuerbaren Energien und nachwachsenden Rohstoffe wurden deshalb intensiviert. Als nachwachsende Rohstoffe werden organische Rohstoffe bezeichnet, welche aus land- oder forstwirtschaftlicher Produktion stammen und zielgerichtet für weiterführende Anwendungen außerhalb des Nahrungs- und Futtermittelbereichs verwendet werden.

Biodiesel ist in unseren Breitengraden ein wichtiger energetisch genutzter, erneuerbarer Energieträger, der vor allem aus dem nachwachsenden Rohstoff Raps gewonnen wird. Dieser Rohstoff wird bereits heute in großem Maßstab produziert und durch die Beimengungspflicht den fossilen Energieträgern beigemischt.[4] Allein in Deutschland wurde im Jahr 2011 4.8 mio t Biodiesel produziert.[5] Bei der Produktion dieses Energieträgers fallen pro Tonne Biodiesel ca. 10 gew% Glycerin an.[6] Die Mengen des aus der Biodieselproduktion anfallenden Glycerins übertreffen die aktuelle Nachfrage bei weitem, so dass große Mengen dieses Rohstoffes bisher nur thermisch genutzt werden.

Die sinnvolle stoffliche Nutzung von Glycerin oder dessen einfach zugänglichem Folgeprodukt Allylalkohol ist bis heute wenig erforscht. Genau an diesem Punkt setzen meine Forschungsbemühungen an. Die stoffliche Nutzung, des aus nachwachsenden Rohstoffen gewonnenen Glycerins zur Synthese von Kunststoffen, wäre eine deutlich nachhaltigere Verwendung als die rein energetische Nutzung. Dabei würde dieses günstige Nebenprodukt der Biodieselproduktion helfen die Abhängigkeit von Erdöl weiter zu senken und den Produktlebenszyklus des Biodiesels insgesamt wirtschaftlicher zu gestalten. Polymere, welche ausgehend von Glycerin synthetisiert werden, sind anders als die meisten kommerziell erhältlichen Kunststoffe kein Folgeprodukt aus Erdöl und aufgrund des steigenden Preises dieses Rohstoffes mittel- bis langfristig wahrscheinlich auch kommerziell konkurrenzfähig gegenüber aus fossilen Rohstoffen hergestellten Polymeren.

2. Kapitel

Motivation

In dieser Dissertation wird der Frage nachgegangen, welche Polymere aus Allylalkohol als direktem Folgeprodukt von Glycerin zugänglich gemacht werden können. Glycerin ist ein nachwachsender, natürlicher Rohstoff, welcher bei der Biodieselproduktion anfällt und deshalb in großen Mengen verfügbar und sehr günstig ist. Um eine effiziente Nutzung dieses Rohstoffes zur Darstellung von polymeren Werkstoffen zu etablieren, müssen davon ausgehend Möglichkeiten erforscht werden, Monomere in großen Mengen sehr rein zu synthetisieren. Die effiziente Synthese von endständigen Dienen, ist für diesen Ansatz sehr lohnend, weil es sich dabei um sehr vielseitig einsetzbare Verbindungen handelt. Diese können direkt mit der Acyclischen Dien Metathese Polymerisation (ADMET) polymerisiert oder mit diversen Reaktionen zu weiteren Monomeren derivatisiert werden. Auf diese Weise sollten ausgehend von Dienen Lactone oder Dialdehyde synthetisiert und mit geeigneten Reaktionen polymerisiert werden. Im Folgenden werden die drei Strategien erläutert mit denen die synthetisierten Diene in Polymere überführt werden sollten.

1. Ausgehend von Allylalkohol sollten zunächst dienterminierte Ester dargestellt werden, die im Anschluss mit der Ringschlussmetathese (RCM) cyclisiert werden sollten. Auf diesem Wege sollten aus dienterminierten Estern Lactone synthetisiert werden, welche anschließend in einer ringöffnenden Polymerisation (ROP) zum Polyester derivatisiert werden sollten (siehe Abb. 2).

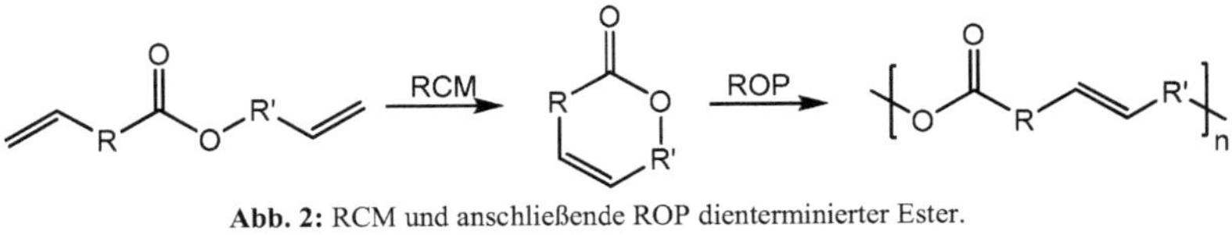

Abb. 2: RCM und anschließende ROP dienterminierter Ester.

2. Diene sollten zu Diepoxiden derivatisiert werden, um im Anschluss mit geeigneten Katalysatoren Dialdehyde zu synthetisieren. Dialdehyde lassen sich mit der

Tishchenkoreaktion sehr atomeffizient und unter moderaten Bedingungen in Polyester überführen. Bei dieser Strategie ist besonders die effiziente Umlagerung der Epoxide zu Aldehyden von enormer Bedeutung und sollte deshalb eingehend untersucht werden (siehe Abb. 3).

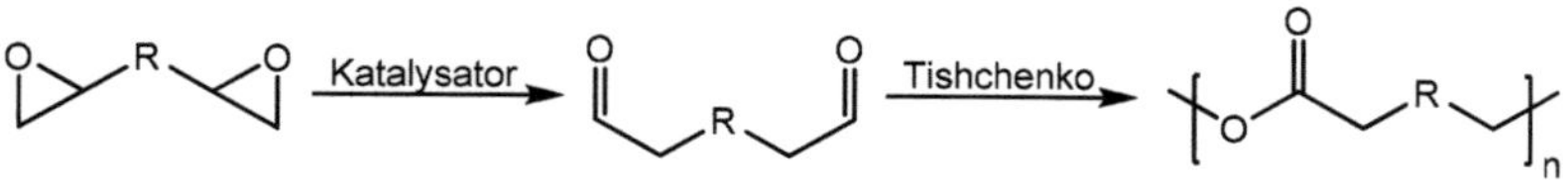

Abb. 3: Umlagerung von Diepoxiden zu Dialdehyden und anschließende Tishchenkoreaktion.

3. Die ADMET ist eine Stufenwachstumsreaktion, die es ermöglicht endständige Diene direkt zu polymerisieren. Nach der Synthese der entsprechenden Diene sollte diese Reaktion eingesetzt werden, um hochfunktionalisierte Polymere zu erhalten. Bei der ADMET können auch Nebenreaktionen, wie die Isomerisierung von endständigen Doppelbindungen auftreten, welche deutlichen Einfluss auf die Struktur des Polymers haben können. Es ist daher erstrebenswert, die synthetisierten Polymere mit geeigneten Methoden eingehend zu untersuchen, um einen möglichst tiefen Einblick in deren Struktur zu erhalten (siehe Abb. 4).

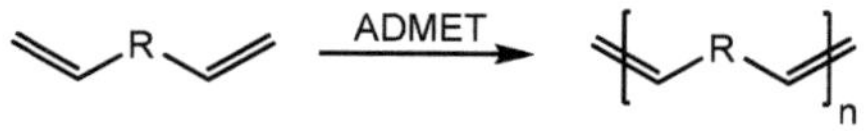

Abb. 4: ADMET von endständigen Dienen.

3. Kapitel

Grundlagen und theoretischer Hintergrund

3.1 Glycerin als nachhaltiger Rohstoff

Ausgehend vom C_3-Baustein Glycerin sollte die Synthese der Polymere erfolgen. Deshalb wird in diesem Teil kurz auf dessen wichtigste Eigenschaften und industriell genutzte Folgeprodukte eingegangen. Glycerin (gr. *glycerós = süß*) ist in der Natur außerordentlich verbreitet. Die meisten tierischen Fette und pflanzlichen Öle sind Triglyceride, welche aus drei Fettsäuren, die mit einem Molekül Glycerin verestert sind, bestehen. Im folgenden Abschnitt soll näher auf die Eigenschaften, Gewinnung und Verwendung von Glycerin und dessen Folgeprodukte eingegangen werden.

3.1.1 Physikalische und chemische Eigenschaften

Glycerin (siehe Abb. 5) ist eine klare, geruchslose, süß schmeckende, hygroskopische Flüssigkeit. Es ist mit Wasser in jedem Verhältnis mischbar, jedoch kaum löslich in unpolaren organischen Lösungsmitteln.[7]

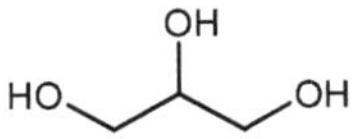

Abb. 5: Strukturformel von Glycerin.

In Tab. 1 sind einige wichtige physikochemische Eigenschaften von Glycerin dargestellt.

Tab. 1: Physikochemische Eigenschaften von Glycerin.[7]

Stoffeigenschaften	
M [g/mol]	92.1
Schmelzpunkt [°C]	18.2
Siedepunkt [°C]	290
Dichte [g/cm³]	1.26

3.1.2 Darstellung, Verwendung und Folgeprodukte

Glycerin wurde bereits 2800 vor Christi durch das Erhitzen von Fett mit Asche isoliert.[8] Seit Ende der 1940er Jahre wurde Glycerin aus Epichlorhydrin dargestellt. Epichlorhydrin wird aus Propen gewonnen und ist somit ein Folgeprodukt von fossilen Rohstoffen. Heute wird auf diesem Weg jedoch großtechnisch kein Glycerin mehr gewonnen. Die Gewinnung von Glycerin aus natürlichen Rohstoffen, wie bei der Biodieselproduktion, bei dem eine große Menge (ca. 10 gew%) an Glycerin als Nebenprodukt anfällt, ist weitaus wirtschaftlicher. Generell handelt es sich bei der Biodieselherstellung um eine katalytische, methanolische Umesterung von Fettsäureglyceriden zu Fettsäuremethylestern und Glycerin (siehe Abb. 6).[9] Neben dieser Methode sind mikrobiologische Verfahren bekannt, welche mit Enzymen die Hydrolyse von Fettsäureglyceriden unter milden Bedingungen mit guten Ausbeuten ermöglichen.[10,11]

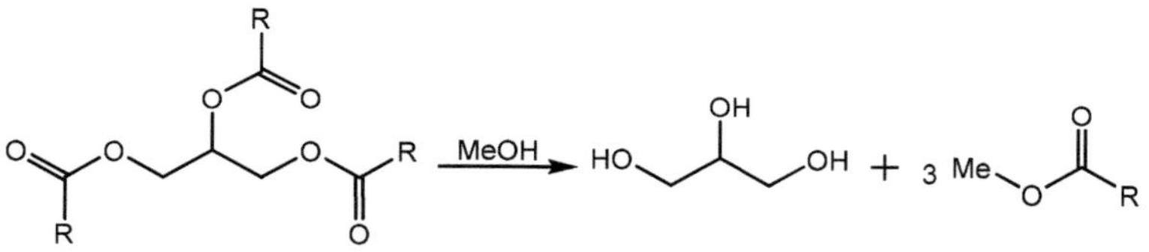

Abb. 6: Schematische Darstellung der Biodieselherstellung aus Fettsäureglyceriden.

Die Biodieselproduktion ist im vergangenen Jahrzehnt stark angestiegen, weil in vielen Ländern Gesetze zur Beimischungspflicht von Biokraftstoffen in konventionelle Energieträger verabschiedet wurden. In Deutschland wurde ab 2010 eine Beimischungspflicht von 6.25% gesetzlich festgeschrieben.[4] Durch das gestiegene Angebot an Glycerin, welches durch den großtechnischen Prozess der Biodieselherstellung erzeugt wird, ist der Preis in den letzten Jahrzehnten deutlich zurückgegangen. Während der Preis für Glycerin mit der Reinheit von 99% im Jahr 1995 noch ca. 2000 US$/t betrug ist dieser mittlerweile auf ca. 600 US$/t gesunken.[12,13] Dieser Trend der sinkenden Preise für diesen Rohstoff wird mittelfristig wahrscheinlich durch die stetige Zunahme der Biodieselproduktion weiter sinken.

Aktuell wird Glycerin in der Industrie vor allem im Bereich der Pharmazeutika, der Körperpflege, der Nahungsmittel und traditionellen Polymerherstellung (Polyether und Alkydharze) verwendet. Die Verteilung der verschiedenen Einsatzgebiete für Glycerin ist in Abb. 7 dargestellt.[8]

Grundlagen und theoretischer Hintergrund

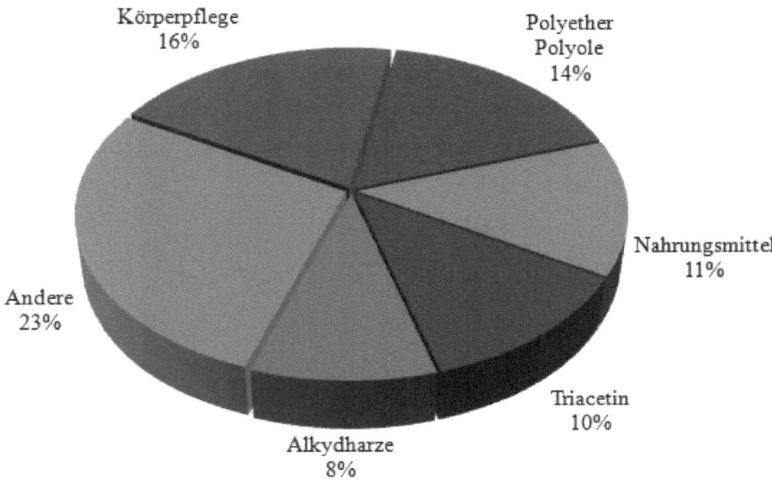

Abb. 7: Kreisdiagramm des Glycerinabsatzmarktes (Stand 2002).[8]

Der starke Preisverfall hat dazu geführt, dass verstärkt Forschungsbemühungen unternommen werden, um sinnvolle Folgeprodukte aus diesem kostengünstigen Rohstoff herzustellen. Dabei gibt es bereits eine Reihe von funktionellen Chemikalien, die aus Glycerin gewonnen werden können. Ausgewählte Folgeprodukte und Verwendungsmöglichkeiten sind in Abb. 8 dargestellt.[14-18]

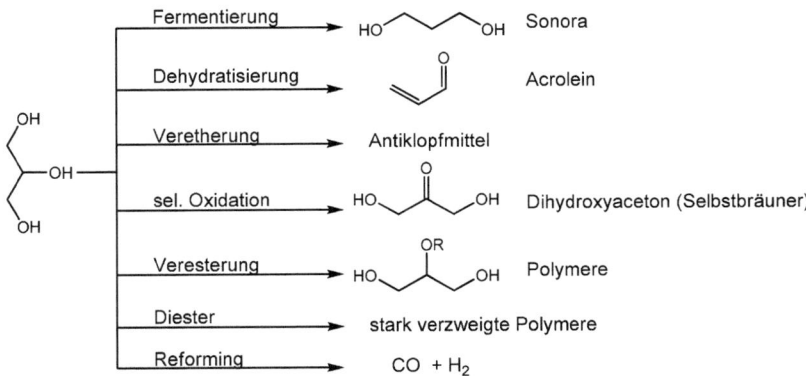

Abb. 8: Ausgewählte Beispiele von Syntheseprodukten ausgehend von Glycerin.[14-18]

Neben der Verwendung von Glycerin zur Darstellung von Synthesegas (Reforming bei 225-300 °C mit Platinkatalysatoren) lassen sich eine Reihe von Chemikalien synthetisieren.[14,15] Weitere Reaktionsprodukte werden als Selbstbräuner, Antiklopfmittel bzw. traditionell als Edukt für Polymerisationen verwendet.[16,17,18]

3.1.3 Darstellung von Allylalkohol

Glycerin kann als Ausgangsprodukt verwendet werden, um Allylalkohol herzustellen. Dieses ist eine Chemikalie, die in großen Mengen industriell verwendet wird. Die Synthese erfolgt ausgehend von Glycerin mit Ameisensäure unter Wasserabspaltung und Kohlendioxidfreisetzung bei Temperaturen von 230-240 °C (siehe Abb. 9).

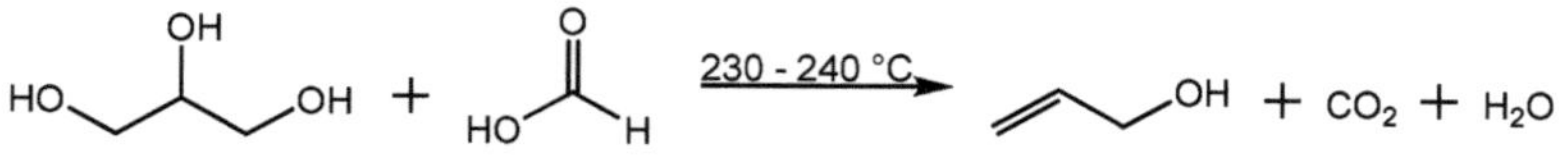

Abb. 9: Reaktionsgleichung für die Dedihydroxylierung von Glycerin mit Ameisensäure.[19]

Der Mechanismus dieser Reaktion wurde intensiv untersucht. Bei Experimenten mit Deuterium-markierten Edukten stellte sich heraus, dass keine intermolekulare Hydridübertragung zwischen den Edukten stattfindet (siehe Abb. 10).[19]

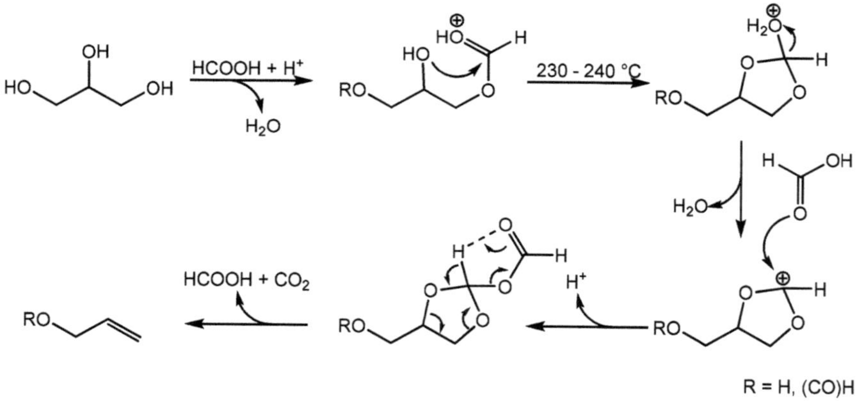

R = H, (CO)H

Abb. 10: Vorgeschlagener Mechanismus für die Dedihydroxylierung von Glycerin mit Ameisensäure.[19]

Die durchgeführten Experimente lassen den Schluss zu, dass bei der Reaktion zwei Hydroxygruppen des Glycerins direkt abgespalten werden. Nach dem vorgeschlagenen Reaktionsmechanismus findet zunächst eine säurekatalysierte Veresterung der terminalen Hydroxylgruppe vom Glycerin mit Ameisensäure statt. Nach einer Wasserabspaltung kann ein weiteres Molekül Ameisensäure nucleophil angreifen. Anschließend wird jeweils ein Molekül Ameisensäure und Kohlendioxid abgespalten und Allylalkohol erhalten.

3.1.4 Darstellung von Acetaldehyd aus nachwachsenden Rohstoffen

Acetaldehyd wurde bei der Synthese der Diene in größeren Mengen eingesetzt. Es ist ein wertvoller C$_2$-Baustein, der sowohl aus fossilen, als auch aus nachwachsenden Rohstoffen hergestellt werden kann. Acetaldehyd ist eine brennbare, farblose und hochreaktive Flüssigkeit, welche zahlreiche Kondensations- und Additionsreaktionen eingeht.[20]

Industriell wird die Verbindung größtenteils mit dem Wacker-Verfahren durch die Direktoxidation von Ethen mit Sauerstoff in Gegenwart von Palladiumchlorid und Kupferchlorid hergestellt (siehe Abb. 11).[21]

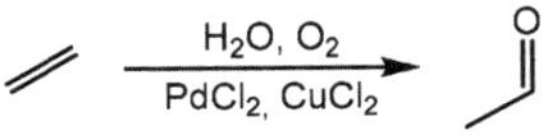

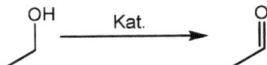

Abb. 11: Reaktionsgleichung der Oxidation von Ethen nach dem Wacker-Verfahren.[21]

Neben der großtechnischen Synthese von Acetaldehyd aus Ethen besteht auch die Möglichkeit Acetaldehyd aus Ethanol als nachwachsenden Rohstoff zu gewinnen. Es gibt dabei unterschiedliche Möglichkeiten durch eine Dehydrierung aus Ethanol Acetaldehyd zu gewinnen (siehe Abb. 12).

Abb. 12: Darstellung von Acetaldehyd durch Dehydrierung von Ethanol.[22]

Bei dieser Oxidation können Katalysatoren auf Basis von Vanadiumoxid verwendet werden.[22] Alternativ findet aber auch Rotschlamm Verwendung, welcher ein Abfallprodukt bei der Aluminiumherstellung ist.[23]

3.2 Polymere: Darstellung und Eigenschaften

Während der Dissertation wurden unterschiedliche Polymere hergestellt. In diesem Abschnitt wird deshalb auf Kunststoffe generell und auf einige ausgewählte Kunststoffklassen, welche auch während der Arbeit synthetisiert wurden, detailliert eingegangen.

Industriell erzeugte Polymere begegnen uns täglich auf vielfältige Weise. Kleidung, Automobile, Elektronik, Lacke und Verpackungen sind nur einige Gebiete in denen Polymere breite Anwendung finden. Dies ist vor allem durch die Möglichkeit bedingt, den jeweiligen Kunststoff und dessen Materialeigenschaften, bei gleichzeitig sehr niedrigen Kosten, genau auf die spätere Verwendung zuzuschneiden. Daher können aus den gleichen monomeren Ausgangsstoffen mit unterschiedlichen Polymerisationsbedingungen die verschiedensten Materialeigenschaften realisiert werden. Die erhaltenen Werkstoffe haben mit unter Eigenschaften, die sich wahrscheinlich allein mit natürlichen Rohstoffen wie Biomasse, Stein oder Metallen nicht realisieren lassen würden.

3.2.1 Ausgewählte Polymerklassen und deren Eigenschaften

Es gibt viele verschiedene Polymerklassen, die jeweils aufgrund ihrer spezifischen Eigenschaften in unterschiedlichen Gebieten Anwendung finden.

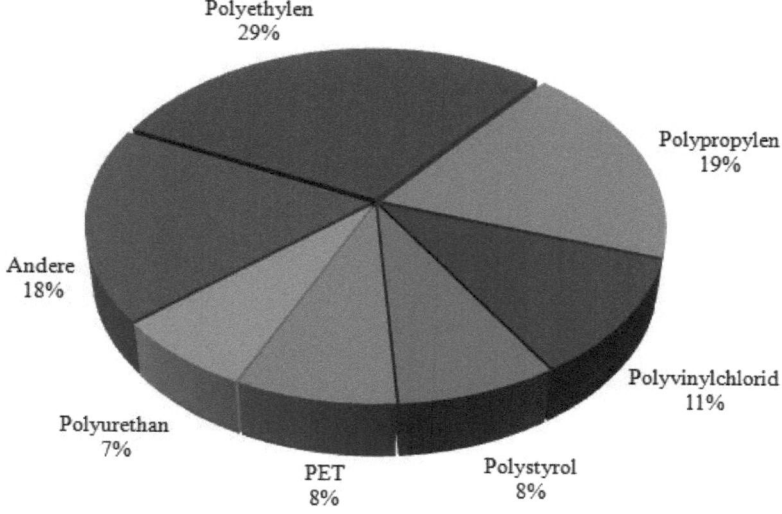

Abb. 13: Marktanalyse der europäischen Polymernachfrage (Stand 2009).[24]

In Abb. 13 ist eine Marktanalyse der europäischen Nachfrage dargestellt, welche die Anteile der einzelnen Polymerklassen aufzeigt.[24] Den größten Anteil der Polymere mit fast 50% stellen, aufgrund ihres Eigenschaftsprofils und günstigen Preises, Polyolefine. Die Verwendung von Polyestern, -amiden und -urethanen ist aufgrund ihres höheren Preises beschränkt auf die Gebiete, bei denen die Anforderungen an die Materialeigenschaften von Polyolefinen nicht erfüllt werden können. Im folgenden Abschnitt wird auf einige der unterschiedlichen Polymerarten näher eingegangen.

3.2.1.1 Polyester

Polyester enthalten in der Hauptkette Estergruppen. Der wirtschaftlich mit Abstand wichtigste Polyester ist Polyethylenterephthalat (PET) mit einer Produktion von weltweit jährlich 30 mio t (Stand 2000).[25] Der Werkstoff hat ein breites Anwendungsspektrum und findet unter anderem Verwendung als Verpackungsmaterial (Folien, Flaschen) und Textilfaser. Meist wird bei der PET-Herstellung durch das Kondensieren von Comonomeren, wie Isophthalsäure oder Neopentylglycol, die Kristallinität herabgesetzt. Dadurch können diese Polymere leichter verarbeitet werden.[25]

Ungesättigte Polyester finden traditionell in vielen Gebieten, wie im Möbelsektor, als Spachtelmassen oder bei glasfaserverstärkten Kunststoffen Anwendung.[26] Die dargestellten Systeme zeichnen sich durch ihre relativ niedrigen Kosten bei der Herstellung aus. Industriell sind sie auch für Herstellung von Duroplasten von großer Bedeutung.[27]

3.2.1.2 Polyamide

Die weltweite Nachfrage an Polyamiden betrug 2011 etwa 6.8 mio t.[28] Dabei wird bis heute fast zwei Drittel dieses Werkstoffes als synthetische Faser eingesetzt. Daneben wird dieser Kunststoff auch immer mehr als Werkstoff in der Automobilindustrie verwendet.[29]

Polyamide sind semikristalline Polymere, welche entweder aus dem AB-Typ oder AABB-Typ bestehen. Sie bilden meist amorphe, transparente Werkstoffe, die aufgrund der hydrophilen Amidgruppen leicht Wasser aufnehmen können. Aufgrund dessen können Polyamide nicht überall eingesetzt werden, weil Wasser ebenfalls als Weichmacher wirkt und somit das Eigenschaftsprofil des Polymers insgesamt verändern kann.[25]

3.2.1.3 Polyurethane

Polyurethane sind allgegenwärtig in unserem täglichen Leben. Die Nachfrage nach Polyurethan betrug in der Europäischen Union im Jahr 2009 mehr als 3 mio t. Aufgrund dessen ist es eines der wichtigsten Spezialkunststoffe.[24] Seine große Bedeutung ist vor allem bedingt durch die Möglichkeit für die jeweiligen Anwendungen „maßgeschneiderte" Polyurethane herzustellen. Die Herstellung des eigentlichen Polymers erfolgt in der Regel durch das intensive Vermischen der flüssigen, reaktiven Ausgangsstoffe. Der grundlegende Polymerisationsschritt ist dabei die Polyadditionsreaktion aus einer Diisocyanat- und einer Diolkomponente. Durch das Hinzufügen von weiteren Komponenten, wie Aufschäumungsmittel, Präpolymere, Verzweiger, Katalysatoren, Kettenverlängerer usw. ergibt sich ein vielfältig einstellbares Eigenschaftsspektrum von hart bis weich, geschäumt bis kompakt.[30]

Neben der Synthese von verzweigten Systemen ist auch die Darstellung von thermoplastischen Polyurethanen möglich, welche eine thermoplastische Verarbeitbarkeit (Extrusion, Spritzguss, Blasverfahren) ermöglichen. Dafür werden ausschließlich bifunktionelle Monomere bzw. bifunktionelle Präpolymere verwendet, damit lineare Makromoleküle erhalten werden. Vor allen Block-Copolymere bei denen sich Hart- und Weichsegmente ausbilden, weisen eine Reihe von interessanten charakteristischen Eigenschaften auf (gute Abriebfestigkeit, Kälteflexibilität und Reißfestigkeit).[31]

3.2.2 Molmassenverteilung

Bei einer Polymerisation entsteht kein Produkt mit einer spezifischen Molmasse sondern ein Produktgemisch, welches eine Molmassenverteilung aufweist.[32] Für diese Verteilung sind Kenngrößen definiert, die im folgenden Abschnitt kurz erläutert werden.

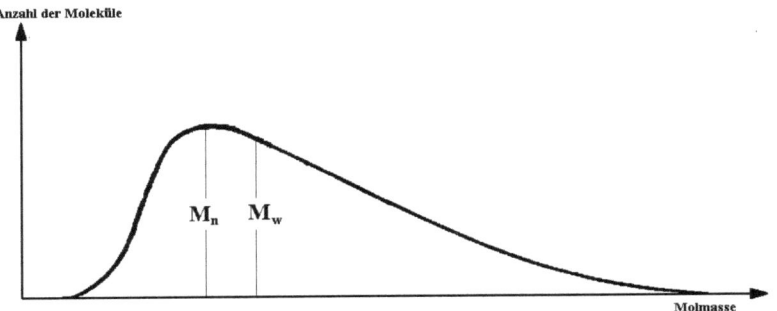

Abb. 14: Schematische Darstellung einer Molmassenverteilung eines Polymers.

In Abb. 14 ist die Molmassenverteilung eines Polymers mit ihren wichtigsten Kenngrößen exemplarisch dargestellt.

$$Mn = \frac{\sum_{i=1}^{f} N_i M_i}{\sum_{i=1}^{f} N_i} \quad (Gl.\ 1) \qquad Mw = \frac{\sum_{i=1}^{f} N_i M_i^2}{\sum_{i=1}^{f} N_i M_i} \quad (Gl.\ 2) \qquad D = \frac{M_w}{M_n} \quad (Gl.\ 3)$$

Mn = Zahlenmittel der Molmasse
Mw = Gewichtsmittel der Molmasse
D = Polydispersität
N_i = Anzahl der Makromoleküle in der Fraktion i
M_i = Molekulargewicht der Polymere der Fraktion i

Neben den Werten für die mittleren Molmassen (siehe Gl. 1 und 2) ist die Breite der Molmassenverteilung für die Polymereigenschaften ebenfalls von Bedeutung. Das Verhältnis D von dem Gewichtsmittel Mw und dem Zahlenmittel Mn wird als Polydispersität bezeichnet und ist ein Maß für die Breite der Molmassenverteilung (siehe Gl. 3).

3.3 Olefinmetathese

Die Olefinmetathese (gr. *meta = Wechsel*; *thesis = Position*) wurde auf verschiedene Weisen verwendet, um Polymere darzustellen und war somit wichtiger Bestandteil der Forschungsbemühungen. Sie wurde unter anderem als Polymerisations- und Cyclisierungsreaktion für terminale Diene verwendet. Aufgrund dessen folgt hier eine kleine Abhandlung über die Grundlagen der Metathesereaktion. Die Reaktion ist eine der vielseitigsten und effektivsten C-C-Verknüpfungsreaktionen, die deshalb in der synthetischen, organischen Chemie eine erhebliche Bedeutung hat. Formal werden bei der Alkenmetathese Alkylidengruppen zwischen zwei Alkenen ausgetauscht (siehe Abb. 15).

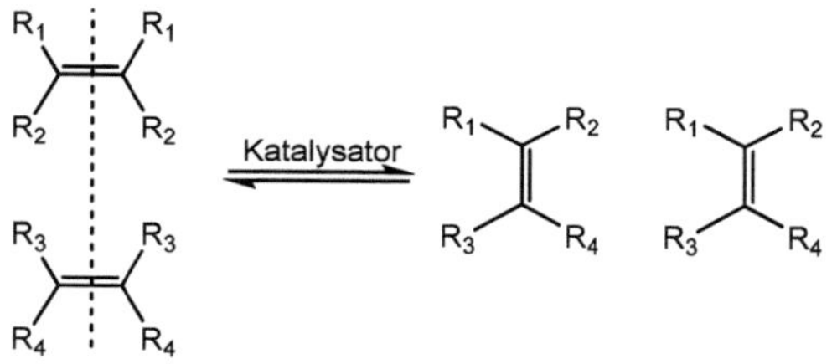

Abb. 15: Schematische Darstellung der Olefinmetathese.

Die Olefinmetathese ist verglichen mit anderen C-C-Verknüpfungsmethoden nicht auf die Verwendung von nucleophilen, elektrophilen oder radikalischen Kohlenstoffreagenzien angewiesen, weshalb sie unter sehr milden Bedingungen durchgeführt werden kann. Die als Katalysatoren verwendeten Rutheniumcarbenkomplexe besitzen eine sehr hohe Selektivität, so dass diese fast ausschließlich mit Doppelbindungen reagieren. Diese Toleranz gegenüber anderen funktionellen Gruppen sorgt für das breite Anwendungsspektrum dieser Reaktion. Die Bedeutung der Reaktion wurde auch mit der Verleihung des Nobelpreises der Chemie im Jahr 2005 an R. H. GRUBBS, Y. CHAUVIN und R. R. SCHROCK gewürdigt.[33] In dem folgenden Abschnitt werden einige Aspekte der Olefinmetathese eingehend beschrieben.

3.3.1 Historisches zur Entwicklung der Olefinmetathese und ihre industrielle Nutzung

Die Olefinmetathese wurde von R. L. BANKS und G. C. BAILEY bereits in den 60er Jahren entdeckt.[34] Dabei wurden zunächst Metallsalzgemische auf Basis von Wolfram- und Molybdänsalzen als Katalysatorsysteme verwendet. Von den verwendeten Katalysatoren waren zwar die Oxidationsstufen der Metalle bekannt, jedoch war die aktive Spezies und deren chemische Umgebung noch nicht erforscht. Außerdem war bei der heterogenen Reaktionsführung der Prozentsatz des aktiven Metalls sehr gering. Klassische Metallsalzmischungen die Olefinmetathesen ermöglichen sind unter anderem $WOCl_4/EtAlCl_2$ und MoO_3/SiO_2.[35] Diese Mischungen werden bis heute großtechnisch als heterogene Katalysatoren eingesetzt.

Eine wichtige industrielle Anwendung der Olefinmetathese ist der „Shell Higher Olefin Process" (SHOP). Das Ziel beim SHOP ist es, Olefine mit 10-18 Kohlenstoffatomen zu synthetisieren.[36]

Bei diesem Prozess wird zunächst Ethylen mit einem Nickelkatalysator oligomerisiert (siehe Abb. 16). Dabei entsteht ein Gemisch aus geradzahligen α-Olefinen. Die C_6- bis C_{16}-α-Olefine werden destillativ abgetrennt und können unter anderem zur Herstellung von primären Alkoholen genutzt werden.

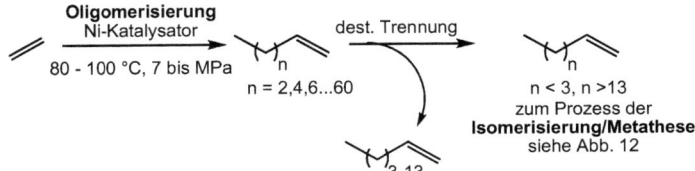

Abb. 16: Oligomerisierung und destillative Trennung der α-Olefine.

Die länger- und kurzkettigeren α-Olefine werden in einem weiteren Schritt zunächst zum thermodynamisch stabileren Olefin mit interner Doppelbindung isomerisiert (siehe Abb. 17). Diese Reaktionen werden meist durch die Verwendung von Magnesiumoxid-Verbindungen katalysiert. Durch die anschließende heterogene Metathesereaktion, ggf. unter Zugabe von Ethen, entstehen dann unter anderen die gewünschten kurzkettigen internen Olefine, welche destillativ abgetrennt werden.

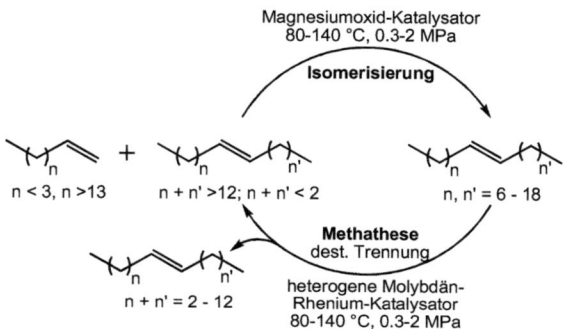

Abb. 17: Isomerisierung und Metathese im SHOP.

Diese Verbindungen können dann beispielsweise mit geeigneten Cobaltkatalysatoren in einer Hydroformylierungsreaktion zu primären Alkoholen derivatisiert werden.[37] Die kürzeren und längeren Olefine werden wieder der Isomerisierung zugeführt. Der Prozess hat heute jährlich eine Kapazität von ca. 10 mio t und ist so effizient, dass fast das gesamte eingesetzte Ethylen in die gewünschte Olefin–Fraktion umgewandelt werden kann.[38]

Großer Nachteil heterogener Katalysatorsysteme ist, neben der relativ geringen Aktivität, auch die Erzeugung vieler Nebenprodukte und die Unverträglichkeit gegenüber funktionalisierten Edukten. Weil bei den heterogenen Katalysatorsystemen die katalytisch aktive Spezies und deren Umgebung unbekannt waren, wurde die Synthese von wohldefinierten und homogenen Metathesekatalysatoren vorangetrieben. Durch die Synthese dieser Komplexe konnte die aktive Spezies hinsichtlich der Oxidationsstufe des Metalls und der Koordinationsumgebung gezielt eingestellt werden.

In den folgenden Jahren wurden die sogenannten „Schrock"-Katalysatoren entwickelt, die im Abschnitt 3.2.2 noch genauer beschrieben werden. Es handelt sich dabei um homogene Katalysatoren mit einem frühen Übergangsmetall, meist Molybdän, mit hoher Oxidationsstufe am Zentralatom.[39] Diese Katalysatoren waren in der Lage die Olefinmetathese mit aliphatischen Alkenen durchzuführen, wiesen jedoch auch eine niedrige Toleranz gegenüber funktionellen Gruppen und protischen Lösungsmitteln auf. Einen wirklichen Durchbruch erlebte die Olefinmetathese als von R. H. GRUBBS Katalysatoren auf Rutheniumbasis entwickelt wurden, welche eine große Toleranz gegenüber funktionellen Gruppen und protischen Lösungsmitteln aufwiesen.[40] Durch diese Stabilität konnte die Olefinmetathese erstmals breite Anwendung in der modernen synthetischen Chemie finden und wurde deshalb zu einer der wichtigsten C-C-Verknüpfungsreaktionen überhaupt.

3.3.2 Eigenschaften und Struktur der Olefinmetathesekatalysatoren

Im Allgemeinen werden für die Olefinmetathese Schrock-Carbenkomplexe verwendet. Es sind nucleophile Carbenkomplexe, welche im Gegensatz zu Fischer-Carbenen am carbenoiden Kohlenstoff nicht heteroatomsubstituiert sind.[41] Der wesentliche Unterschied zwischen den Komplexen ist die unterschiedliche Partialladung am Kohlenstoffatom. In einem Fischer-Carben ist das Kohlenstoffcarben partiell positiv geladen und es handelt sich um ein Elektrophil. Bei einem Schrock-Carben ist das Kohlenstoffcarben partiell negativ geladen und reagiert deshalb nucleophil.[41] Schrock-Carbenkomplexe können im Gegensatz zu Fischer-Carbenkomplexen zur Metathese verwendet werden. Der Mechanismus wird in Abschnitt 3.3.3 erklärt. In Abb. 18 ist ein Fischer-Carbenkomplex und ein Schrock-Carbenkomplex dargestellt.[42,43]

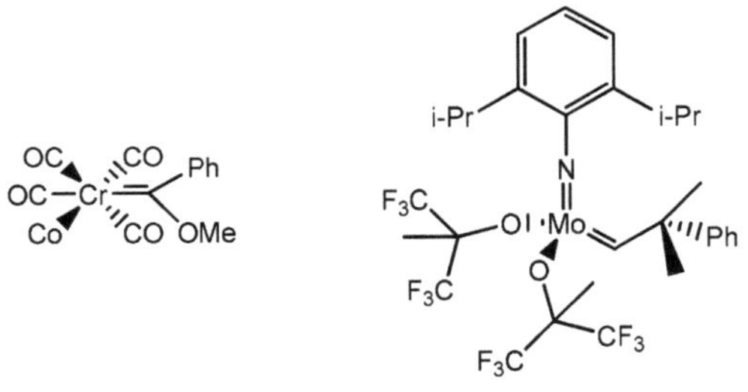

Abb. 18: Strukturformel eines Fischer- (links) und eines Schrock-Carbenkomplex (rechts).[42,43]

„Grubbs"-Katalysatoren sind nach ihrem Entdecker R. H. Grubbs benannt und basieren meist auf Rutheniumverbindungen. Es sind ebenfalls Schrock-Carbenkomplexe, welche formal über ein partiell positiv geladenes Kohlenstoffcarben verfügen. Sie reagieren auch in Gegenwart von vielen funktionellen Gruppen bevorzugt an der C-C-Doppelbindung. Es gibt mehrere Generationen von Grubbs-Katalysatoren. In Abb. 19 sind Strukturformeln von Grubbs-Katalysatoren verschiedener Generationen dargestellt.

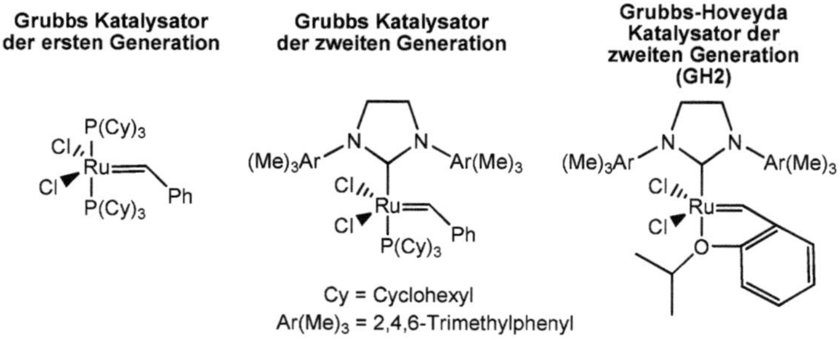

Abb. 19: Strukturformeln ausgewählter Grubbs-Katalysatoren.

Grubbs-Katalysatoren der ersten Generation können sehr einfach in einer Ein-Topf-Synthese hergestellt werden.[44] Grubbs-Katalysatoren der zweiten Generation verfügen über ein ungesättigtes N-heterozyklisches Carben (meist 1,3-bis(2,4,6-trimethylphenyl)imidazolin) und besitzen deshalb verglichen mit den Katalysatoren der ersten Generation eine höhere Aktivität. Grubbs-Hoveyda-Katalysatoren verfügen zusätzlich über eine Oxyisopropylgruppe. Sie sind noch stabiler gegenüber Luft und Wasser und ähnlich aktiv wie Grubbs-Katalysatoren der zweiten Generation.[45] Die hohe Stabilität dieser Katalysatoren ermöglicht die Reaktion mit elektronarmen Olefinen, die mit anderen Metathesekatalysatoren nicht möglich sind.[46]

3.3.3 Mechanismus der Olefinmetathese

Im Jahre 1970 veröffentlichten J. L. HERRISON und Y. CHAUVIN einen Vorschlag für den Mechanismus der Olefinmetathese, der heute weitestgehend bewiesen ist.[47] Demzufolge verläuft die Umalkylidierung über einen intermediär gebildeten Metallacyclobutankomplex. Mit neuen, auch bei niedrigen Temperaturen hochaktiven, Katalysatoren gelang der NMR-spektroskopische Nachweis der Cyclobutanzwischenstufe.[48]

Im Initiationsschritt wird zunächst aus dem Metathesekatalysator und dem entsprechenden Edukt ein neuer Carbenkomplex gebildet (siehe Abb. 20). Ausgehend von diesem Carbenoid verläuft die Reaktion nach dem in Abb. 21 dargestellten Chauvin-Mechanismus.[47]

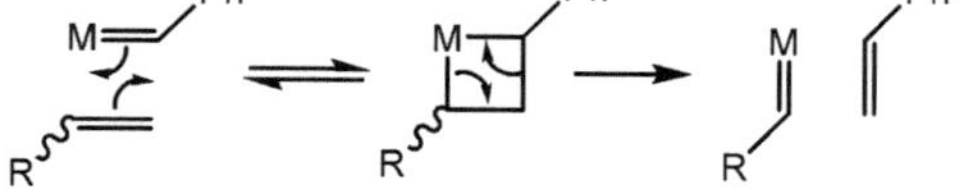

Abb. 20: Mechanismus der Initiation der Olefinmetathese.

Zunächst findet dabei eine [2+2]-Cycloaddition des im Initiationsschritt gebildeten Carbenoids und des in Lösung befindlichen Substrats statt. Dem schließt sich eine Cycloreversion an, bei dem das Reaktionsprodukt gebildet wird (siehe Abb. 21).

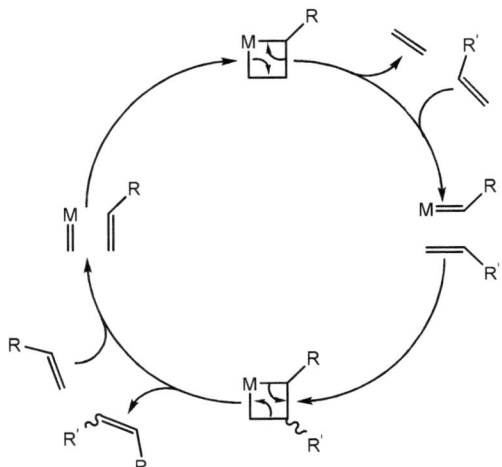

Abb. 21: Schematische Darstellung des Katalysezyklus der Olefinmetathese.[47]

Die Metathese ist eine nahezu thermoneutrale Gleichgewichtsreaktion und das Entfernen des Nebenproduktes (meist flüchtiges Alken) aus der Reaktionslösung verschiebt das Gleichgewicht nach dem Prinzip des kleinsten Zwangs von Le Chatelier in die Richtung der Produkte. Bei der Verwendung von Derivaten mit endständigen Doppelbindungen kann durch die Entfernung des Kondensationsproduktes (Ethen) das Gleichgewicht auf die Seite der Produkte verschoben werden.

3.3.4 Anwendungsgebiete der Olefinmetathese

Um die Vielseitigkeit der Olefinmetathese zu verdeutlichen, werden im nächsten Abschnitt einzelne Verwendungsmöglichkeiten der Olefinmetathese erläutert.

3.3.4.1 Kreuzmetathese (CM)

Die Kreuzmetathese wird verwendet um terminale Alkene zu derivatisieren. In Abb. 22 ist die CM schematisch dargestellt.

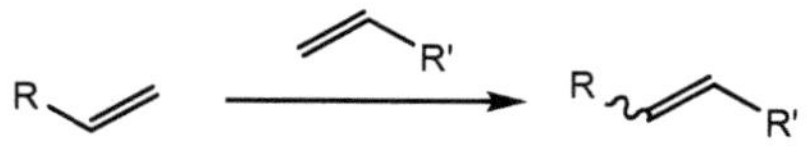

Abb. 22: Reaktionsgleichung der CM.

Wenn zwei unterschiedliche Edukte eingesetzt werden, können drei Reaktionsprodukte entstehen (jeweils das Homodimer der Edukte und das Kreuzprodukt). Deshalb sind bei der CM um hohe Ausbeuten zu erreichen besondere Ansprüche an die Reaktionsführung gestellt. Ein möglichst kostengünstiges Edukt kann im großen Überschuss eingesetzt werden. In diesem Fall erhält man in der Regel das Kreuzprodukt und das Homodimer des im Überschuss eingesetzten Eduktes. Wenn dieses Homodimer leicht vom Kreuzprodukt abtrennbar ist, kann durch diese Strategie ein hoher Umsatz und eine gute Ausbeute, bezogen auf das kostenintensivere Edukt, erreicht werden.

3.3.4.2 Ringöffnungsmetathese (ROM) und Ringöffnungspolymerisation (ROMP)

Bei der ROM und ROMP werden cyclische Olefine als Edukte eingesetzt. Durch die Metathese können gespannte Cycloolefine polymerisiert (ROMP) oder mit substituierten Olefinen zum Diolefin umgewandelt werden (ROM).[49,50] Dabei ist die Ringspannung des Substrates die Triebkraft der Reaktion (siehe Abb. 23).

Abb. 23: Schematische Darstellung einer ROM und ROMP.

Durch die sequentielle Zugabe von Monomeren ist die Synthese von Block-Copolymeren bei der ROMP möglich.

3.3.4.3 Ringschlussmetathese und Acyclische Dien Metathese Polymerisation

Bei der RCM werden acyclische Diene unter Abspaltung eines flüchtigen Alkens (meist Ethen) in Carbo- bzw. Heterozyklen umgewandelt.[49] Bei der ADMET werden Diene mittels Stufenwachstum polymerisiert, wobei die beiden Reaktionen in Konkurrenz zueinander stehen. Außerdem herrscht in Anwesenheit eines aktiven Metathesekatalysators ein Gleichgewicht zwischen den beiden Reaktionsprodukten (siehe Abb. 24). Welches der beiden Reaktionsprodukte bevorzugt gebildet wird, ist vor allen vom Edukt abhängig. Die RCM wird bevorzugt stattfinden, wenn sich 5- oder 6-gliedrige Ringsysteme ausbilden können. Ringsysteme mit weniger als fünf Gliedern sind mit der RCM nicht darstellbar.

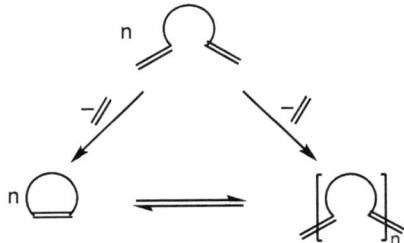

Abb. 24: Schematische Darstellung der RCM und der ADMET.

Neben der Wahl des Eduktes, kann auch durch die Reaktionsführung die bevorzugte Bildung eines Reaktionsproduktes erfolgen. Bei sehr geringen Konzentrationen (unter 0.02 M) kann die intermolekulare Reaktion weitgehend verhindert werden, so dass fast ausschließlich Cyclisierungen stattfinden. Bei hohen Konzentrationen oder bei Reaktionen in Masse ist in der Regel die intermolekulare Reaktion, also die ADMET bevorzugt.[51]

3.3.4.4 Isomerisierung als Nebenreaktion bei der Olefinmetathese

Bei der Olefinmetathese kann eine Isomerisierung der Doppelbindung als Konkurrenzreaktion auftreten.[52, 53] Besonders Olefine mit endständigen Doppelbindungen können zum thermodynamisch stabileren Produkt mit sekundären Doppelbindungen umgelagert werden (siehe Abb. 25).

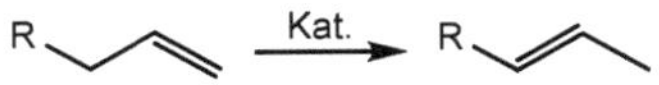

Abb. 25: Umlagerung der primären Doppelbindung als Nebenreaktion der Olefinmetathese.

Das umgelagerte Substrat ist in der Lage weiterhin an der Olefinmetathese teilzunehmen. Dies führt unter Umständen zu einer Kreuzkupplung eines umgelagerten und nichtumgelagerten Substrates. Auch zwei umgelagerte Produkte könnten durch die Olefinmetathese miteinander verknüpft werden. In Abb. 26 ist exemplarisch die Entstehung eines daraus resultierenden Produktgemisches dargestellt. Dabei wird unter anderem deutlich, dass neben Ethen auch höhermolekulare Kondensationsprodukte wie Propen und Buten entstehen können. Daraus resultiert ein Masseverlust von CH_2-Gruppen im Reaktionsprodukt.

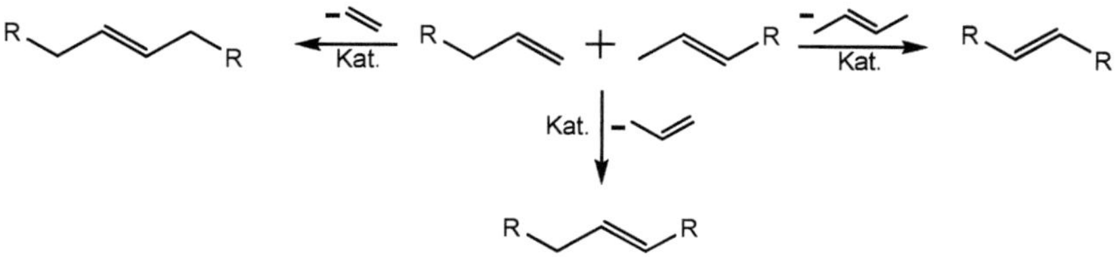

Abb. 26: Bildung eines komplexen Produktgemisches bei der Olefinmetathese.

Es können ebenfalls Doppelbindungen im Produkt umgelagert werden. Umlagerungsreaktionen treten vermehrt auf, wenn dadurch konjugierte Systeme entstehen können, weil die Bildung solcher Systeme thermodynamisch bevorzugt ist.[52] Die umgelagerten Produkte können unter Umständen erneut an der Olefinmetathese teilnehmen, so dass weitere Nebenprodukte entstehen. Es wird vermutet, dass die Umlagerung von einem Zerfallsprodukt des Metathesekatalysators und nicht vom Katalysator selbst verursacht wird. Verantwortlich für diese Umlagerung ist demnach eine Rutheniumhydridspezies.[54, 55]

Durch Umlagerungsreaktionen, die parallel zur Olefinmetathese ablaufen, kann ein komplexes Produktgemisch entstehen, dessen Zusammensetzung sehr stark von den Geschwindigkeiten der unterschiedlichen Reaktionen und thermodynamischen Stabilität der eingesetzten Edukte und erhaltenen Produkte abhängt. Über die Reaktionsführung kann ebenfalls Einfluss auf diesen Prozess genommen werden, um die Isomerisierung möglichst nur im geringen Maße stattfinden zu lassen.[52]

Es sei nach Untersuchungen von B. SCHMIDT zum Vermeiden dieser Nebenreaktion hilfreich, möglichst geringe Mengen des Katalysators zu verwenden, weil dadurch das entsprechende Zerfallsprodukt im geringeren Maße vorhanden sei. Auch niedrigere Reaktionstemperaturen und kurze Reaktionszeiten hätten sich bewährt.[52] Die Bildung von Kreuzprodukten kann auch verhindert werden indem weniger aktive Katalysatoren, wie Grubbs-Katalysatoren der ersten Generation verwendet werden. Diese sind kaum in der Lage 1,2-substituierte Doppelbindungen zu verknüpfen.[56] Kreuzkupplungen können auf diesem Wege verhindert werden, jedoch bleiben die

Ausbeuteverluste infolge der Nebenreaktion bestehen. Effektiver wären nach M. A. R. MEIER Additive, wie Benzochinon, welche eine für die Nebenreaktion verantwortliche Rutheniumhydridspezies deaktivieren, so dass diese meist ungewünschte Umlagerung inhibiert wird.[57]

3.3.5 ADMET als Stufenwachstumsreaktion

Bei der ADMET handelt es sich um eine Stufenwachstumsreaktion. Im Unterschied zum Kettenwachstum (wie z.B. bei der radikalischen Polymerisation von vinylischen Edukten) reagieren bei diesem Wachstum der Polymerkette Monomere stufenweise miteinander.[58] Dabei kann allgemein die kettenaufbauende Reaktion über Monomere mit zwei unterschiedlichen Gruppen (A-B) oder über zwei Monomere mit jeweils unterschiedlichen funktionellen Gruppen (A-A und B-B; z.B. Diamine mit Dicarbonsäuren zu Polyamiden) erfolgen. Bei der Olefinmetathese werden gleiche funktionelle Gruppen (Doppelbindungen) miteinander verknüpft (A-A mit A-A), wobei eine der Doppelbindungen jeweils katalytisch aktiviert werden muss.

Ein Vorteil der Stufenwachstumsreaktion ist, dass Abbruchreaktionen durch Rekombination und Übertragungsreaktionen, wie sie bei der radikalischen Polymerisation auftreten können, nicht stattfinden. Die entstehenden Ketten besitzen immer, auch am Endpunkt der Reaktion, jeweils noch zwei reaktive endständige Endgruppen, die zur weiteren Verknüpfungsreaktion befähigt sind. Aufgrund der Abwesenheit einer Abbruchreaktion handelt es sich bei solchen Reaktionen um lebende Polymerisationen.

Bei Stufenwachstumsreaktionen muss der Umsatz hoch sein, um bei den dargestellten Polymeren hohe Molekulargewichte zu erreichen. Zusätzlich sind bei Stufenwachstumsreaktionen besondere Anforderungen an die Reinheit der Monomere zu stellen, weil sich Verunreinigungen, auch wenn sie nur in geringen Konzentrationen vorhanden sind, deutlich negativ auf den Umsatz und Polymerisationsgrad auswirken.

Beim Stufenwachstum wird zwischen Polyadditionen und Polykondensationen unterschieden. Bei Polykondensationen entsteht bei der Verknüpfungsreaktion meist ein flüchtiges Nebenprodukt. Oft handelt es sich bei diesen Reaktionen um Gleichgewichtsreaktionen, bei denen das Kondensationsprodukt in der Regel kontinuierlich aus dem Reaktionsgemisch entfernt wird. Bei der ADMET endständiger Diene wird meist Ethen aus dem Reaktionsgemisch entfernt.

4. Kapitel

Monomersynthese

Um den nachwachsenden Rohstoff Allylalkohol (**1**) als Folgeprodukt von Glycerin für die Darstellung von Polymeren nutzbar zu machen, musste dieser wertvolle C_3-Baustein in polymerisierbare Derivate überführt werden. Nach der Synthese der Monomere konnte sich dann eine Polymerisation anschließen (siehe Abb. 27). Die genaue Analyse der Polymere konnte anschließend weitere Einblicke in die jeweilige Konstitution des Polymers und eventuelle Nebenreaktionen, die parallel zur Polymerisation abliefen, ermöglichen.

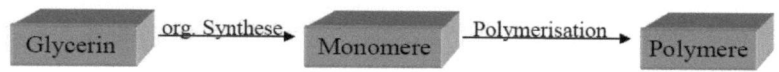

Abb. 27: Polymersynthese ausgehend von Glycerin.

Es musste zunächst entschieden werden, welche Polymerisationsreaktion verwendet werden sollte. Diese Frage war von zentraler Bedeutung, weil sich daraus wichtige Bedingungen für die Konstitution der Monomere ableiteten.

Insgesamt wurden drei Reaktionen gewählt mit denen Polymere synthetisiert werden sollten. Es handelte sich hierbei um die ADMET dienterminierter Monomere, um die Tishchenkoreaktion von Dialdehyden und um die ROP von Lactonen.

Die ADMET ist eine Reaktion, die aufgrund der hohen Toleranz gegenüber verschiedenen funktionellen Gruppen, sehr vielseitig ist. Allylalkohol (**1**) als C_3-Baustein besitzt eine ungesättigte Doppelbindung. Bei einer Dimerisierung dieses Bausteins sollte ein endständiges Dien synthetisiert werden, welches mit der ADMET polymerisierbar sein könnte. Auf diesem Wege konnten dienterminierte Acetale und Ester synthetisiert werden.

Eine weitere Möglichkeit dienterminierte Monomere zu synthetisieren, ist zunächst den 4-Pentensäurepent-4-enylester (**2**) herzustellen. Dieser Ester kann dann mit der ADMET polymerisiert werden. Die Synthese dieser Verbindung wurde in den Arbeiten von A. BÄR und S. SCHEEL untersucht. [59,60] Bei dieser fünfstufigen Synthese waren die Gesamtausbeuten insgesamt jedoch noch nicht befriedigend. Aufgrund dessen wurde die Synthese eingehend untersucht und besonders durch den Einsatz eines Festbett- bzw. Mikrowellenreaktors verbessert. Ausgehend von dieser Verbindung (**2**) konnten nach der alkalischen Hydrolyse 4-Pentensäure (**3**) und 4-Pentenol (**4**) dargestellt werden. Diese C$_5$-Bausteine konnten zu einer großen Anzahl von dienterminierten Verbindungen mit unterschiedlichen funktionellen Gruppen derivatisiert werden (siehe Abb. 28).

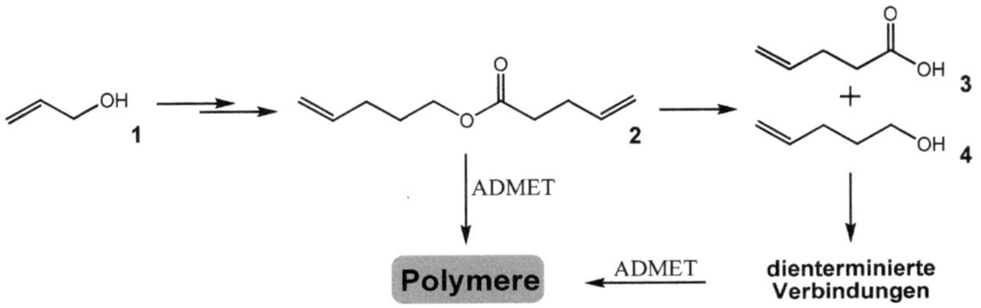

Abb. 28: Synthese von Polymeren mit der ADMET ausgehend vom C$_3$-Rohstoff Allylalkohol (**1**).

Die dienterminierten Verbindungen konnten entweder mit der ADMET polymerisiert werden oder durch Folgereaktionen weiteren Polymerisationsreaktionen zugänglich gemacht werden. Eine weitere Möglichkeit die synthetisierten terminal ungesättigten Ester in Polymere zu überführen, war die Cyclisierung zu Lactonen. Die synthetisierten Lactone sollten dann in einer ROP zu Polymeren umgesetzt werden. Bei dieser Strategie musste vor allen untersucht werden, ob die Synthese der entsprechenden Lactone in großen Ausbeuten und mit guten Durchsätzen möglich ist.

Neben der ADMET und ROP sollte die Tishchenkoreaktion zur Darstellung von Polyestern verwendet werden. Es wurden zu diesem Zweck Dialdehyde benötigt, die ausgehend von Diepoxiden synthetisiert werden sollten. Endständige Diepoxide sind relativ kostengünstig aus endständigen dienterminierten Verbindungen darzustellen. Diese Verbindungen könnten mit der ADMET direkt und über diesen Reaktionspfad mit der Tishchenkoreaktion polymerisiert werden. Bei diesem Reaktionspfad war vor allen die Umlagerung vom Epoxid zum Aldehyd ein entscheidender Schritt, der deshalb eingehend untersucht wurde. Dabei war besonders wichtig, dass diese Reaktion sehr selektiv war und eine gute Ausbeute lieferte. Nur in einem solchen Fall könnten in einer anschließenden Tishchenkoreaktion hohe Molmassen erreicht werden.

Zunächst wird im Kap. 4.1 auf die Synthese der dienterminierten Derivate eingegangen. Dabei werden die unterschiedlichen Synthesen eingehend besprochen. Diesem Kapitel schließt sich dann in 4.2 die RCM zu ungesättigten Lactonen an. Kap. 4.3 behandelt die katalytische Umlagerungsreaktion von Epoxiden zu Aldehyden.

4.1 Synthese von dienterminierten Verbindungen ausgehend von Allylalkohol

Es wurden ausgehend vom C$_3$-Baustein Allylalkohol (**1**), welcher im großtechnischen Maßstab aus dem nachwachsenden Rohstoff Glycerin gewonnen werden kann, dienterminierte Verbindungen dargestellt.[19]

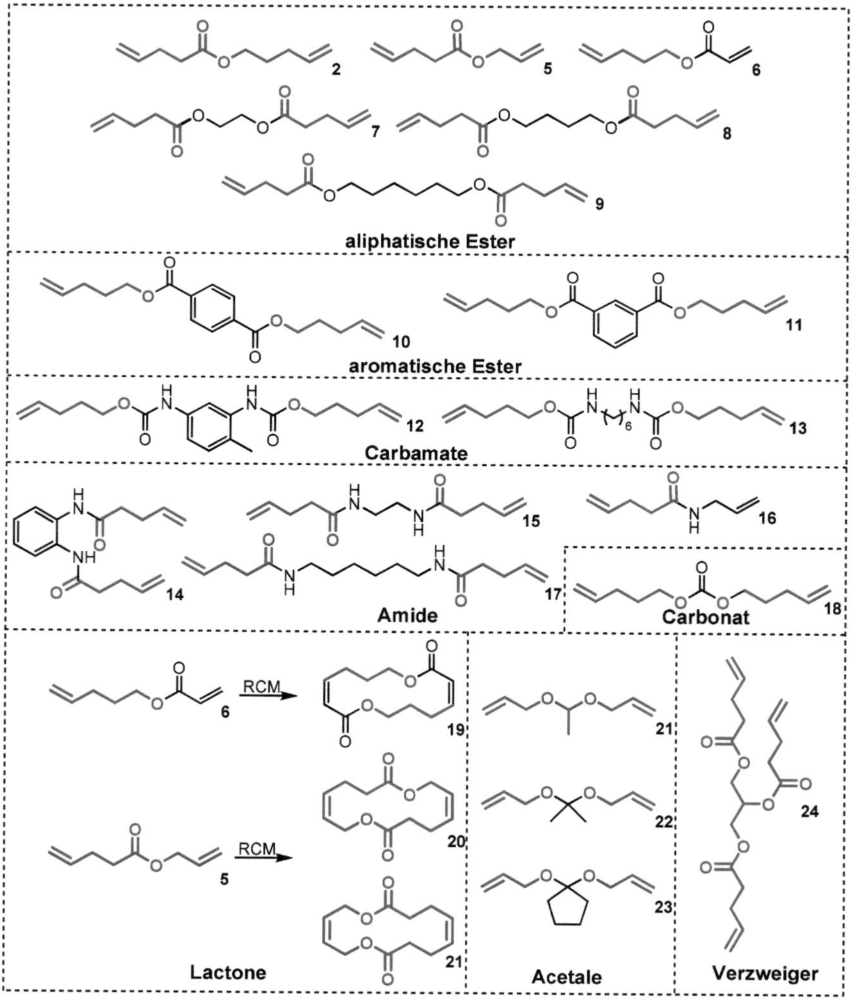

Abb. 29: Übersicht über die synthetisierten Monomere (Atome aus Glycerin, **fett**).

In Abb. 29 ist ein Überblick über die während der Promotion synthetisierten Monomere dargestellt. Die Atome, die aus Glycerin stammen, sind grün dargestellt. Zunächst stand die Synthese von 4-Pentensäurepent-4-enylester (**2**) im Fokus der Untersuchungen. Der Ester **2** wurde in einer vierstufigen Synthese dargestellt. Die Effizienz der Herstellung könnte durch die Rückführung von nicht umgesetzten Edukten, die im großen Maße zurückgewonnen werden konnten, weiter verbessert werden. Der erhaltene Ester konnte anschließend mit der ADMET polymerisiert werden, bzw. nach der Hydrolyse zu weiteren dienterminierten Monomeren umgesetzt werden. Es konnten auf diesem Wege eine Vielzahl unterschiedlicher Diene mit diversen funktionellen Gruppen hergestellt werden. Generell war eine sehr hohe Reinheit der Monomere anzustreben, weil andernfalls mit der ADMET als Stufenwachstumsreaktion keine hohen Molmassen erreicht werden konnten. Diese hohen Reinheiten konnten in den durchgeführten Synthesen erreicht werden. Durch die Dimerisierung von Allylalkohol konnten ebenfalls Diene dargestellt werden.

Auf die Synthesen der Verbindungen wird im Folgenden näher eingegangen. Die ADMETs werden in Kap. 5 ab Seite 63 erläutert.

4.1.1 Dimerisierung von Allylalkohol zu dienterminierten Monomeren

Durch die Dimerisierung von Allylalkohol (**1**) konnten in einfachen Synthesen einige dienterminierte Verbindungen hergestellt werden (siehe Abb. 30).

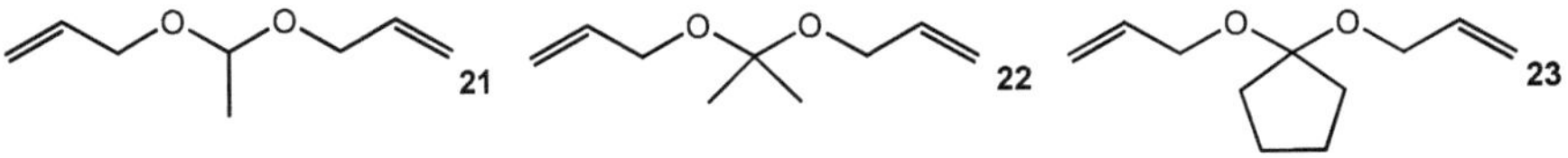

Abb. 30: Strukturformeln der synthetisierten Acetal- bzw. Ketalmonomere.

Die Synthese von Acetaldehyddiallylacetal (**21**) wird in dem Kapitel 4.1.2 noch eingehend beschrieben. Um Acetondiallylacetal (**22**) und Cyclopentanondiallylacetal (**23**) zu synthetisieren wurde Allylalkohol (**1**) mit dem aciden Katalysator *p*-Toluolsulfonsäure versetzt. Anschließend wurde das entsprechenden Keton und Molsieb 4 Å hinzugefügt. Das Molsieb wurde hinzugegeben, um das jeweils freiwerdende Kondensationsprodukt zu absorbieren und das Reaktionsgleichgewicht auf die Seite der Produkte zu verschieben. Das jeweilige Produkt wurde anschließend mittels fraktionierter Destillation gereinigt. Es wurden Ausbeuten von bis zu 64% erhalten.

Die Synthesen waren sehr einfach und es konnten auf diesem Wege direkt Diene ohne aufwendigen Reaktionspfad synthetisiert werden. Jedoch stellte sich in weiteren Untersuchungen heraus, dass die dargestellten Derivate mit allylischen Doppelbindungen mit der ADMET nicht polymerisierbar waren. Auf die Untersuchungen wird im Kapitel 5.4 ab Seite 88 noch detailliert eingegangen.

Aufgrund dieser Resultate wurde die aufwendigere Synthese von 4-Pentensäurepent-4-enylester (**2**) ausgehend von Allylalkohol (**1**) untersucht.

4.1.2 Synthese von 4-Pentensäurepent-4-enylester

Ausgehend von Allylalkohol (**1**) wurde die dienterminierte Verbindung 4-Pentensäurepent-4-enylester (**2**) dargestellt. Die Synthese dieser Verbindung war von zentraler Bedeutung, weil aus diesem Derivat im Anschluss weitere Monomere synthetisiert werden konnten. Die vierstufige Synthese ist in Abb. 31 dargestellt.[59,60] Bei dieser Syntheseroute wurde zunächst Allylalkohol (**1**) mit Acetaldehyd (**25**) unter Wasserabspaltung zum Diallylacetal (**21**) umgesetzt. Diese Verbindung konnte anschließend katalytisch zu Allylvinylether (**26**) unter Abspaltung von Allylalkohol (**1**) derivatisiert werden.

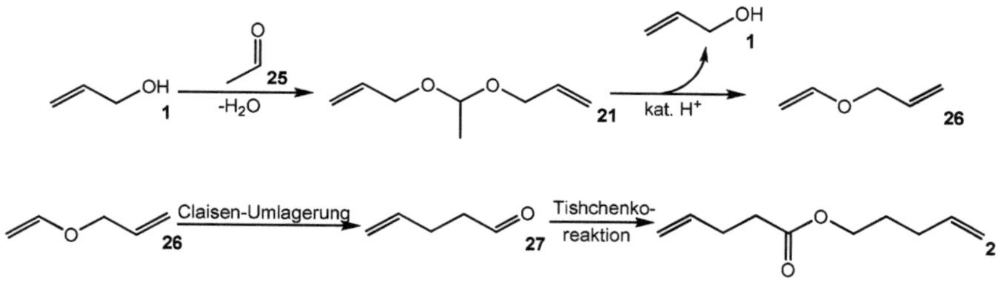

Abb. 31: Schematische Darstellung der Synthese von 4-Pentensäurepent-4-enylester (**2**)

Die säurekatalysierte Umlagerung von Acetaldehyddiallylacetal (**21**) zu Allylvinylether (**26**) wurde intensiv untersucht, weil die Reaktion mit den literaturbekannten Synthesemethoden nur geringe Ausbeuten lieferte.[61] Es wurde deshalb untersucht, ob eine Verbesserung der Ausbeute durch die Verwendung anderer Katalysatoren und über eine andere Reaktionsführung erreicht werden konnte. Nach der Synthese von Allylvinylether (**26**) konnte mit der Claisen-Umlagerung 4-Pentenal (**27**) gewonnen werden. Bei dieser Umlagerungsreaktion wurde untersucht, ob eine strahlungsinduzierte Umlagerung im Mikrowellenreaktor einer thermisch induzierten im Autoklav bezüglich Ausbeute und Aufarbeitung überlegen war.

Diese zweistufige Form der Durchführung zur Darstellung von 4-Pentenal (**27**), erst die Darstellung und Isolierung von Allylvinylether (**26**) und die anschließende Claisenumlagerung, erwies sich letztendlich einer direkten Umlagerung von Acetaldehyddiallylacetal (**21**) zu 4-Pentenal (**27**) in einem Festbettreaktor als unterlegen (Kap 4.1.2.4; Seite 41). Letztere Synthese lieferte bessere Ausbeuten und vermied die Isolierung der Zwischenstufe.

4-Pentenal (**27**) konnte anschließend mit der Tishchenkoreaktion katalytisch zum 4-Pentensäure-4-pentenylester (**2**) umgewandelt werden. Die Tishchenkoreaktion verlief mit guten Ausbeuten. Nach der Verseifung des erhaltenen Esters (**2**) konnten die Verbindungen 4-Pentensäure (**3**) und 4-Pentenol (**4**) erhalten werden, welche anschließend zu weiteren dienterminierten Verbindungen derivatisiert wurden. Im Folgenden wird auf die einzelnen Synthesen im Detail eingegangen.

4.1.2.1 Synthese von Acetaldehyddiallylacetal

Die Synthese wurde nach einer abgewandelten Vorschrift von M. A. POLLACK durchgeführt (siehe Abb. 32).[62] Es handelt sich bei der Reaktion um eine Kondensationsreaktion bei der Wasser abgespalten wird. Es war wichtig das entstehende Wasser effektiv zu entfernen, um das Reaktionsgleichgewicht auf die Seite der Produkte zu verschieben.

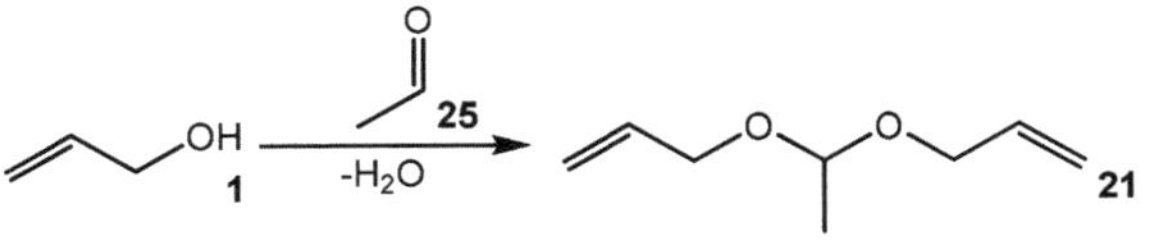

Abb. 32: Schematische Darstellung der Synthese von Acetaldehyddiallylacetal (**21**).

Für die effiziente Bindung des entstehenden Wassers eignete sich die kostengünstige Verbindung Calciumchlorid. Allylalkohol (**1**) und Calciumchlorid wurden mechanisch gerührt und es wurde unter Kühlung Acetaldehyd (**25**) hinzugegeben, wobei sich das Reaktionsgemisch erwärmte. Aufgrund der Wärmeentwicklung und des niedrigen Siedepunktes von Acetaldehyd (**25**) musste die Zugabe langsam und unter intensiver Kühlung erfolgen. Nach beendeter Zugabe wurde die Suspension ohne Kühlung für mehrere Tage gerührt, um den Umsatz weiter zu erhöhen. Die Reinigung des Reaktionsproduktes erfolgte durch eine fraktionierte Destillation.
Es wurde eine Ausbeute von 64% erhalten. Nicht umgesetzter Allylalkohol (**26**) konnte bei der fraktionierten Destillation im erheblichen Maße zurückgewonnen werden und so erneut zur Synthese der Zielverbindung eingesetzt werden. Dies könnte die Effizienz des Prozess zusätzlich erhöhen.

4.1.2.2 Synthese von Allylvinylether

Bei der Synthese handelt es sich um eine säurekatalysierte Reaktion, bei der beim erhitzen von Acetaldehyddiallylacetal (**21**) Allylalkohol (**1**) als Nebenprodukt abgespalten wird. Das

Reaktionsgemisch besteht aus insgesamt drei Komponenten. Acetaldehyddiallylacetal (**21**/Sdp. 150 °C) hat im Vergleich zu Allylalkohol (**1**/Sdp. 97 °C) und Allylvinylether (**26**/Sdp. 72 °C) einen wesentlich höheren Siedepunkt. Aufgrund dessen sollten die Reaktionsprodukte kontinuierlich aus dem Reaktionsgemisch über eine isolierte und verspiegelte Vigreuxkolonne abgetrennt werden (siehe Abb. 33).[62]

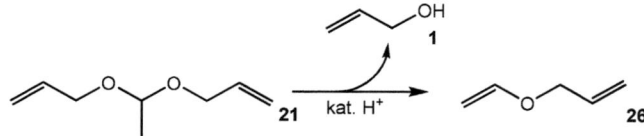

Abb. 33: Schematische Darstellung der Synthese von Allylvinylether (**26**).

Bei der Reaktion wurde anteilig das nicht umgesetzte Edukt Acetaldehyddiallylacetal (**21**) im Destillat aufgefangen, obwohl die Kopftemperatur (70-95 °C) geringer als die Siedetemperatur von Acetaldehyddiallylacetal (**21**) war. Die Reaktion konnte deshalb nicht im vollen Umfang stattfinden. Es bildete sich mutmaßlich ein Azeotrop bestehend aus dem Edukt **21**, Allylalkohol (**1**) und Allylvinylether (**26**).

Das Destillat wurde zur Reinigung mit Wasser extrahiert, um den Allylalkohol (**1**) abzutrennen. Anschließend wurde fraktioniert destilliert. Ein Umsatz von 31% konnte unter Verwendung von 85%iger wässriger Phosphorsäurelösung als Katalysator und einer Reaktionstemperatur von 150 °C erhalten werden. Das nicht umgesetzte Edukt **21** könnte jedoch bei der anschließenden Destillation zurückgewonnen und erneut eingesetzt werden. Der extrahierte Allylalkohol (**1**) könnte ebenfalls erneut eingesetzt werden, um die Synthese ressourcenschonender durchführen zu können (siehe Abb. 34).

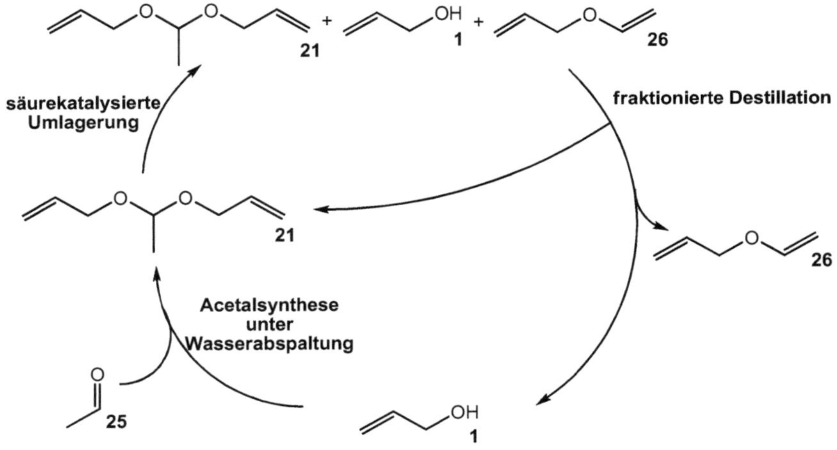

Abb. 34: Schematische Darstellung der Synthese von Allylvinylether (**26**).

Aufgrund dieser relativ geringen Umsätze wurden Versuche unternommen die Produktbildung zu verbessern. Es wurde neben Phosphorsäure (31% Ausbeute), Salzsäure (10% Ausbeute) und Schwefelsäure (5% Ausbeute) als Katalysator verwendet. Bei diesen Katalysatoren wurden geringere Ausbeuten erzielt und Allylalkohol (**1**) als Hauptprodukt erhalten, obwohl die Reaktion unter Luft- und Feuchtigkeitsausschluss durchgeführt wurde. Dabei bildete sich im Sumpf ein schwarzer Rückstand, bei dem es sich vermutlich um Kohlenstoff handelte. Die verwendeten Katalysatoren führten zu einer starken Verkohlung im Reaktionsgemisch und das dadurch entstehende Wasser hydrolysierte das Edukt zu Allylalkohol (**1**) und Acetaldehyd (**25**).

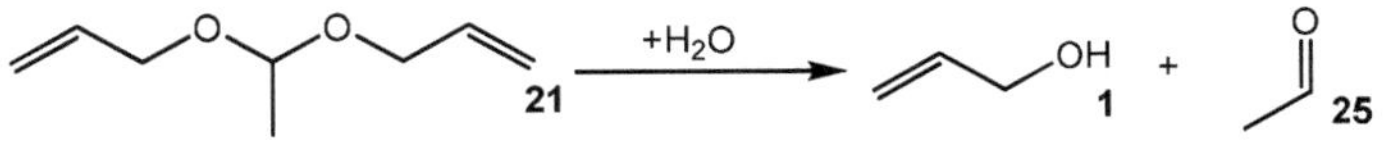

Abb. 35: Schematische Darstellung der Hydrolyse von Acetaldehyddiallylacetal (**21**).

Die Hydrolyse, bei dem Allylalkohol (**1**) und Acetaldehyd (**25**) gebildet wurde, wirkte sich entsprechend negativ auf die Ausbeuten aus (siehe Abb. 35). Deshalb wurde als Alternative die direkte Umlagerung von Acetaldehyddiallylacetal (**21**) in einem Festbettreaktor untersucht, welche nach der Optimierung der Reaktionsführung bessere Ausbeuten lieferte (siehe Kap. 4.1.2.4; Seite 41).

4.1.2.3 Synthese von 4-Pentenal aus Allylvinylether

Bei der Reaktion handelt es sich um eine [3,3]-sigmatrope Umlagerung, welche auch als Claisen-Umlagerung bezeichnet wird (siehe Abb. 36). Diese kann thermisch oder durch Strahlung induziert werden.

Abb. 36: Mechanismus der [3,3]-sigmatropen Umlagerung von Allylvinylether (**26**) zu 4-Pentenal (**27**).

Es wurden verschiedene Methoden zur Umlagerung von Allylvinylether (**26**) untersucht. Dabei wurde insbesondere untersucht, ob die strahleninduzierte Umlagerung im Mikrowellenreaktor der Reaktion im Autoklav überlegen war. [59,63]

Die Synthese im verwendeten Mikrowellenreaktor wies eine quantitative Ausbeute auf und es wurde ein sehr reines Produkt erhalten, weshalb eine Aufarbeitung nicht nötig war. Die Reaktion im Autoklav war, aufgrund der geringeren Reinheit des Reaktionsproduktes, weniger zur Synthese der Zielverbindung geeignet. Die beiden Synthesen werden im Folgenden detailliert vorgestellt.

1. Bei der Reaktion im Autoklav wurde Allylvinylether (**26**) im Druckbehälter für drei Stunden auf 150 °C erhitzt. Der Innendruck betrug während der Reaktion maximal 6 bar. Das Reaktionsgemisch enthielt Nebenprodukte und wurde deshalb zur Reinigung fraktioniert destilliert. Nach der Reinigung betrug die Ausbeute 61%.

2. Der verwendete Mikrowellenreaktor hatte ein Volumen von 5 mL. Es konnte ein Maximaldruck und eine Maximaltemperatur eingestellt werden, ab der der Energieeintrag des Gerätes verringert wurde. Die besten Ergebnisse wurden bei 300 W, 1.5 Stunden Reaktionszeit und einer Maximaltemperatur von 200 °C erreicht. Die Verläufe der Reaktionsparameter konnten elektronisch ausgelesen werden und sind im Anhang A (Seite 141) aufgeführt. Bei den optimierten Bedingungen wurde Allylvinylether (**26**) quantitativ zum 4-Pentenal (**27**) umgesetzt. Eine Aufreinigung des Reaktionsproduktes war deshalb nicht nötig.

Der verwendete Mikrowellenreaktor lieferte wesentlich höhere Ausbeuten war jedoch im Bezug auf das Reaktorvolumen von 5 mL der Reaktion im Autoklav im Nachteil. Um den Durchsatz zu erhöhen könnte ein Mikrowellenreaktor verwendet werden, der ein entsprechend größeres Reaktorvolumen besitzt.

4.1.2.4 Darstellung von 4-Pentenal im Festbettreaktor

Eine Patentanmeldung der Firma BASF AG® beschreibt die direkte Synthese von Acetaldehyddiallylacetal (**21**) zu 4-Pentenal (**27**) ohne die Zwischenstufe Allylvinylether (**26**) in einem Wirbelschichtreaktor (siehe Abb. 37). Bei der beschriebenen Synthese wurde eine Wirbelschicht aus Aluminiumoxid und phosphorsäuredotierten Kieselgel verwendet.[64]

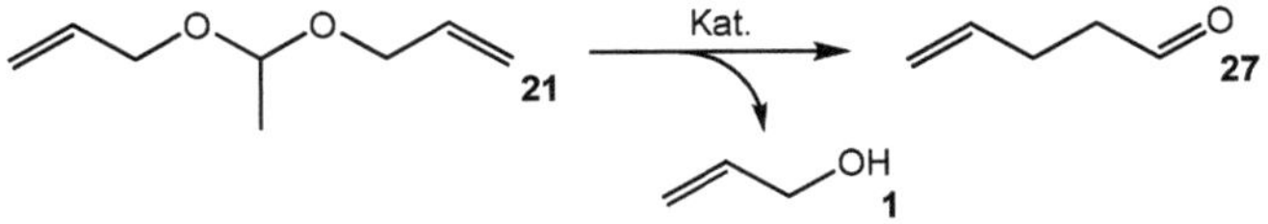

Abb. 37: Direkte Synthese von 4-Pentenal (**27**) aus Acetaldehyddiallylacetal (**21**).

Anlehnend an diese Patentschrift wurde untersucht, ob die direkte Synthese von 4-Pentenal (**27**) ausgehend von Acetaldehyddiallylacetal (**21**) in einem Festbettreaktor möglich war. Die im Folgenden vorgestellte Reaktion lieferte im Vergleich zur zweistufigen Reaktion mit Allylvinylether (**26**) als Zwischenstufe (Gesamtausbeute 31%) höhere Ausbeuten von bis zu 38%.
In Abb. 38 ist der verwendete Versuchsaufbau dargestellt. Mit einem Heizbad wurde Acetaldehyddiallylacetal (**21**) erwärmt und über ein erhitztes Festbett geleitet. Am Festbett war eine Vigreuxkolonne angeschlossen. In der Destillationsbrücke wurden die Produkte kondensiert und in einem Tropftrichter aufgenommen. Über einen Hahn konnten die einzelnen Fraktionen aufgenommen werden. Die einzelnen Fraktionen wurden anschließend mit der Gaschromatographie (GC) untersucht.

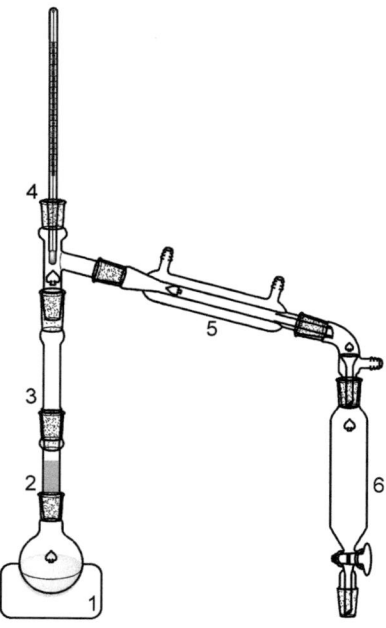

Abb. 38: Schematische Darstellung der verwendeten Festbettapparatur zur Darstellung von 4-Pentenal (**27**) [1] Ölbad, [2] Festbett erhitzt durch ein Heizband, [3] Destillationskolonne, [4] Thermometer zum messen der Kopftemperatur, [5] Destillationsbrücke, [6] Tropftrichter zur Probenentnahme.

Die Gesamtausbeute wurde bestimmt, indem für jede Fraktion der Anteil an 4-Pentenal (**27**) mit der GC ermittelt und mit dem Gewicht der entsprechenden Fraktion multipliziert wurde. Die Ausbeute bezieht sich immer auf das Gewicht des gesamten eingesetzten Acetaldehyddiallylacetal (**21**). Es wurden bei den jeweiligen Ansätzen 100-120 g Acetaldehyddiallylacetal (**26**) eingesetzt. In Tab. 2 sind die Ergebnisse der durchgeführten Experimente abgebildet.

Tab. 2: Ergebnisse der Festbettsynthese von 4-Pentenal (**27**).

	Festbettmaterial [g]	Ölbadtemperatur [°C]	Festbetttemperatur [°C]	Umsatz [%]
Sicapent	6.1	180	220	4
Sicapent	6.3	166	226	7
Sicapent	10.2	190	240	8
Sicapent	7.4	163	256	25
Aluminiumoxid	24.6	190	240	38

Die höchsten Ausbeuten von insgesamt 38% wurden bei einer Ölbadtemperatur von 190 °C und einer Temperatur von 240 °C mit einem Festbett aus Aluminiumoxid erhalten. Bei den Experimenten wurde deutlich, dass eine ausreichend hohe Temperatur im Festbett vorherrschen muss, damit die Reaktion stattfinden kann. Bei dem Betrieb des Festbettreaktors mit geringeren Temperaturen waren die Umsätze wesentlich geringer. Als Nebenprodukt wurde vor allem nicht umgesetztes Acetaldehyddiallylacetal (**21**) erhalten, welches nach einer destillativen Reinigung erneut in den Prozess eingespeist werden könnte.

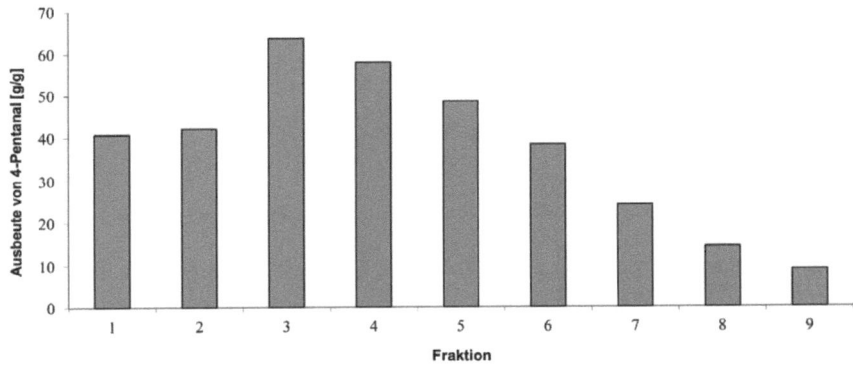

Abb. 39: Schematische Darstellung der Ausbeute von 4-Pentenal (**27**) im Festbettreaktor. Bedingungen: 24.6 g Aluminiumoxid Festbett, Ölbadtemperatur 190 °C, Festbetttemperatur 240 °C

Durch den gezeigten Verlauf der Ausbeute an 4-Pentenal (**27**) mit zunehmender Reaktionszeit wird deutlich, dass mit dem Fortschreiten der Reaktion die Ausbeute an 4-Pentenal (**27**) abnahm (siehe Abb. 39). Die Abnahme der Ausbeuten war wahrscheinlich durch die Veränderung des Festbettes zu begründen. Im Verlauf der Reaktion schied sich, vor allem bei hohen Temperaturen im Festbett, Kohlenstoff als schwarzer Feststoff ab. Dies könnte die Reaktion vor allem nach längeren Reaktionszeiten behindert haben, so dass die Ausbeuten mit der Zeit abnahmen. Bei höheren Temperaturen stellte sich die Abscheidung von Kohlenstoff im Festbett noch schneller ein.

Insgesamt war die Festbettsynthese von 4-Pentenal (**27**) effizienter aufgrund der größeren Ausbeute, des besseren Durchsatzes und der Vermeidung einer Zwischenstufe, als die Synthese über Allylvinylether (**21**) als Zwischenstufe. Trotzdem liefern die Experimente im Festbettreaktor noch keine befriedigenden Ausbeuten. Die Reaktion könnte vor allem optimiert werden, wenn die großen Ausbeuten zu Beginn über einen längeren Zeitraum konstant gehalten werden könnten. Dabei wäre wahrscheinlich vor allem eine Erhöhung der Verweilzeit bei gleichzeitiger Senkung der Temperatur im Festbett vorteilhaft. Auch die Verwendung von sauren Festbettmaterialien, wie phosphorsäuredotiertes Siliciumoxid, könnten die Umsätze vielleicht erhöhen.

4.1.3 Synthese von 4-Pentensäure-4-pentenylester mit der Tishchenkoreaktion

Die Tishchenkoreaktion ist eine sehr atomeffiziente Reaktion. Sie ermöglicht mit geringen Mengen an kostengünstigen, meist aluminiumbasierten Katalysatoren, effizient Aldehyde in Ester zu überführen. Aufgrund dieser vielen positiven Eigenschaften wurde diese Reaktion verwendet, um 4-Pentensäure-4-pentenylester (**2**) ausgehend von 4-Pentenal (**27**) darzustellen (siehe Abb. 40). Es wurde untersucht wie sich die Menge des eingesetzten Diisobutylaluminiumhydrid (DiBAl-H) auf den Umsatz auswirkte.

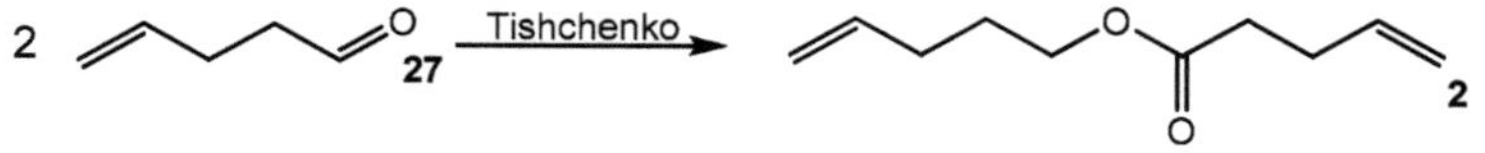

Abb. 40: Darstellung von 4-Pentensäure-4-pentenylester (**2**) mit der Tishchenkoreaktion.

Dafür wurde 4-Pentenal (**27**) auf 0°C gekühlt und mit 2.7 mol% DiBAl-H gelöst in Toluol (1 M) versetzt.[59] Nach vollständiger Zugabe wurde die Kühlung entfernt und die Reaktionslösung bei Raumtemperatur (RT) für drei Stunden gerührt. Zur Reinigung wurde das Reaktionsprodukt unter vermindertem Druck bei einer Temperatur von 97 °C fraktioniert destilliert. Es wurde eine Ausbeute von 73% erhalten.

Bei geringeren Katalysatorkonzentrationen waren längere Reaktionszeiten nötig. Bei einer Katalysatorkonzentration von 0.5 mol% war für den vollständigen Umsatz (Ausbeute 62%) eine Reaktionszeit von 72 Stunden nötig. Es war also möglich die Katalysatorkonzentration auf Kosten von längeren Reaktionszeiten weiter zu verringern.

Mit der Tishchenkoreaktion konnte der Ester **2** mit zwei terminalen Doppelbindungen erfolgreich synthetisiert werden. Dieser konnte mit der ADMET zum Polyester polymerisiert werden (siehe Kap. 5.3.1.1; Seite 83) oder zu weiteren C_5-Bausteinen derivatisiert werden.

4.1.4 Verseifung von 4-Pentensäurepent-4-enylester

Aus dem C3-Baustein Allylalkohol (**1**) wurde in einem vierstufigen Prozess 4-Pentensäurepent-4-enylester (**2**) synthetisiert. Um aus diesem Derivat weitere wertvolle C5-Bausteine zu gewinnen, wurde eine alkalische Hydrolyse durchgeführt (siehe Abb. 41). Auf diesem Wege konnten 4-Pentensäure (**3**) und 4-Pentenol (**4**) erhalten werden, die sich anschließend mittels Extraktion sehr einfach und effizient voneinander trennen ließen.[65] Auf diesem Wege ließen sich in hohen Ausbeuten von über 87% die beiden Verseifungsprodukte erhalten.

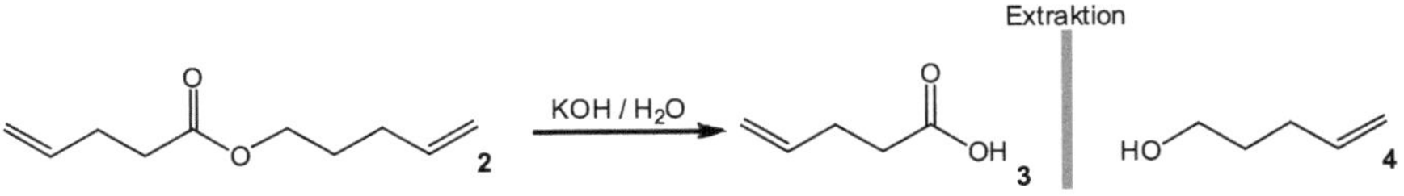

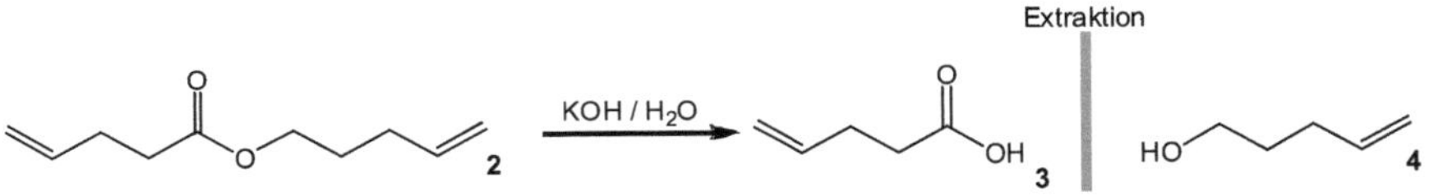

Abb. 41: Schematische Darstellung der Verseifung von 4-Pentensäure-4-pentenylester (**2**).

Bei der alkalischen Hydrolyse des Esters **2** mit Kaliumhydroxid wurden unterschiedliche Reaktionsbedingungen untersucht. Ziel dieser Versuche war eine hohe Ausbeute und die möglichst einfache Trennung der beiden Reaktionsprodukte (siehe Tab. 3).

Tab. 3: Ergebnisse der Verseifung von 4-Pentensäure-4-pentenylester (**2**).[58]

Lösungsmittel	Temperatur [°C]	Ausbeute 4-Pentenol [%]	Ausbeute 4-Pentensäure [%]
Wasser[a]	110	89	87
Ethanol	80	16	83
Methanol	80	-[b]	-[b]
Aceton	80	-[b]	-[b]

[a] Substrat und Lösungsmittel bildeten zunächst ein Zweiphasengemisch aus, welches erst im Verlaufe der Reaktion in eine Lösung überging.
[b] Es bildeten sich im großen Maße Nebenprodukte

Bei der Untersuchung wurde das entsprechende Lösungsmittel und eine konzentrierte Kaliumhydroxidlösung mit 2 eq. Kaliumhydroxid bezogen auf den eingesetzten Ester **2** vorgelegt. Anschließend wurde der 4-Pentensäurepent-4-enylester (**2**) hinzugegeben und unter Rückfluss erhitzt. 4-Pentenol (**4**) wurde anschließend mit Diethylether aus dem Reaktionsgemisch extrahiert.

Die deprotonierte 4-Pentensäure (**3**) war im Gegensatz zum 4-Pentenol (**4**) nicht in der organischen Phase löslich. Nach der Extraktion des 4-Pentenols (**4**) wurde die wässrige Phase auf den pH-Wert 1 eingestellt. Die nun vollständig protonierte 4-Pentensäure (**3**) konnte dann ebenso mit Diethylether isoliert werden. Die Ergebnisse der durchgeführten Experimente sind in Tab. 3 zusammengefasst. Reaktionen mit Wasser als Lösungsmittel lieferten die besten Ausbeuten. Zunächst bildete sich dabei jeweils ein Zweiphasengemisch, welches jedoch bei zunehmendem Umsatz nach 18 Stunden homogen wurde. Die relativ lange Reaktionszeit lässt sich vermutlich durch stärkere Dispergierung des Zweiphasengemisches verringern.

Die Reaktionen in homogener Phase (in Ethanol, Methanol oder Aceton) verliefen schneller. Mit Ethanol als Lösungsmittel konnte ein vollständiger Umsatz des Eduktes bereits nach 30 min erreicht werden. Jedoch lieferten diese Reaktionen nur unbefriedigende Ausbeuten, was entweder auf Nebenreaktionen oder auf die erschwerte Aufarbeitung zurückzuführen war. Bei der Hydrolyse mit Ethanol als Lösungsmittel gestaltete sich insbesondere die Entfernung des Lösungsmittels als anspruchsvoll, weil die Siedepunkte des 4-Pentenols (**4**) und des Lösungsmittel nahe beieinander lagen. Aufgrund dessen gingen bei dem Entfernen des Lösungsmittels große Mengen an 4-Pentenol (**4**) verloren. Bei der Verwendung von Methanol als Lösungsmittel bildete sich ein Nebenprodukt, bei dem es sich wahrscheinlich um den Methylester der 4-Pentensäure (**3**) handelte. In Aceton bildeten sich unter den stark basischen Bedingungen vermutlich durch Aldolreaktionen Nebenprodukte. Aufgrund dessen wurden bei diesen Reaktionen nur geringe Ausbeuten erzielt.

Es konnte mit der alkalischen Hydrolyse mit Wasser als Lösungsmittel aus 4-Pentensäurepent-4-enylester (**2**) in hohen Ausbeuten 4-Pentenol (**4**) und 4-Pentensäure (**3**) gewonnen werden. In den folgenden Kapiteln wird eingehend auf die Synthesen der Monomere eingegangen, die aus diesen beiden C$_5$-Bausteinen synthetisiert werden konnten.

4.1.5 Synthese von Monomeren ausgehend vom C$_5$-Baustein 4-Pentensäure

Die synthetisierte 4-Pentensäure (**3**) wurde als Ausgangsprodukt verwendet, um weitere dienterminierte Verbindungen darzustellen. Die Synthesen ermöglichten die Darstellung von Monomeren, die sich aufgrund ihrer funktionellen Gruppen stark voneinander unterschieden. Auf diese Weise konnten dienterminierte Amide und Ester dargestellt werden, welche mit der ADMET polymerisierbar waren. Um dienterminierte Verbindungen aus 4-Pentensäure (**3**) bzw. 4-Pentensäurechlorid (**28**) zu synthetisieren, wurden generell verschiedene Routen angewandt.

1. Durch die Verwendung von bifunktionellen Molekülen, wie Diolen oder Diaminen, konnten dimerisierte 4-Pentensäurederivate synthetisiert werden. Es wurden über diese Synthese Diene mit äquivalenten Doppelbindungen erhalten.

2. Durch den Einsatz von Glycerin als Triol konnte eine Verbindungen mit drei endständigen Doppelbindungen erhalten werden. Mit dieser Verbindung konnte in einer ADMET-Copolymerisation verzweigte und vernetzte Polymerstrukturen erhalten werden (siehe Kap. 5.4.3; Seite 89).

3. Durch die Verwendung eines endständigen, alkenterminierten, primären Alkohols oder Amins konnten ebenfalls Diene synthetisiert werden, die nicht äquivalente Doppelbindungen besaßen.

In dem folgenden Abschnitt wird auf die einzelnen Synthesen eingegangen.

4.1.5.1 Synthese von 4-Pentensäurechlorid

Für einige Synthesen war es nötig die Hydroxyfunktion der Carbonsäure in eine bessere Abgangsgruppe zu überführen. Deshalb wurde 4-Pentensäure (**3**) mit Thionylchlorid in 4-Pentensäurechlorid (**28**) überführt. Die durchgeführte Synthese in Masse lieferte sehr hohe Ausbeuten von über 95%.

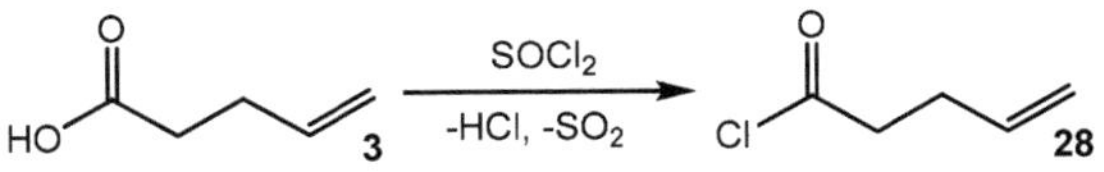

Abb. 42: Darstellung von 4-Pentensäurechlorid (**28**) mit Thionylchlorid.

4-Pentensäure (**3**) wurde auf 0 °C gekühlt und mit Thionylchlorid versetzt. Nach vollständiger Zugabe wurde das Reaktionsgemisch unter Rückfluss erhitzt. Die Reinigung des Produktes erfolgte durch fraktionierte Destillation. Durch die Aktivierung der Carbonylfunktion konnte das Reaktionsprodukt zu diversen Estermonomeren derivatisiert werden.

4.1.5.2 Synthese von Estermonomeren ausgehend von 4-Pentensäurechlorid

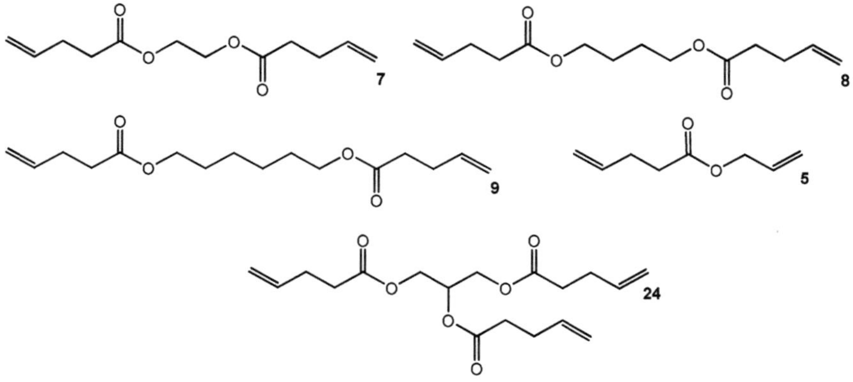

Abb. 43: Strukturformeln der synthetisierten Estermonomere ausgehend von 4-Pentensäurechlorid (**28**).

In Abb. 43 sind die Esterdiene dargestellt, welche ausgehend von 4-Pentensäurechlorid (**28**) dargestellt wurden. Bei der Synthese wurden Stickstoffbasen verwendet, um die freiwerdende Salzsäure (HCl) zu binden. Bei der Synthese wurde der entsprechende Alkohol und eine Stickstoffbase (Pyridin oder Triethylamin) bei 0 °C in Dichlormethan (DCM) umgesetzt. Anschließend ist die Lösung mit 4-Pentensäurechlorid (**28**) versetzt worden. Mit diesen Synthesen konnten Ausbeuten von 58-85% erhalten werden. Die Reinigung der Reaktionsprodukte erfolgte in der Regel durch fraktionierte Destillation. Bei der Synthese von Verbindung **24** wurde säulenchromatographisch gereinigt und aufgrund dessen eine geringere Ausbeute von 21% erhalten. Im Anschluss an die Synthesen konnten einige der erhaltenen Ester mit der ADMET zu Polyestern oder mit der RCM zu Lactonen umgesetzt werden (siehe Kap. 5.2.1; Seite 69).

4.1.5.3 Synthese von Amidmonomeren ausgehend von 4-Pentensäure

Ausgehend von 4-Pentensäure (3) wurden Diene mit Amidverknüpfung dargestellt (siehe Abb. 44).[66]

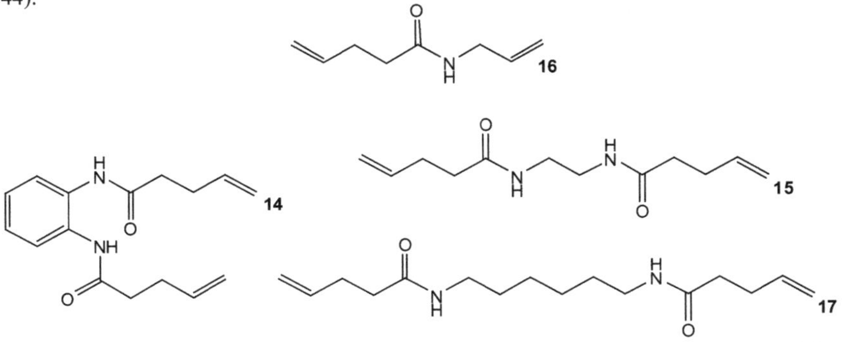

Abb. 44: Strukturformeln der synthetisierten Amidmonomere ausgehend von 4-Pentensäure (3).

Um einen möglichst effizienten Weg zur Darstellung von dienterminierten Amiden zu finden, wurden zunächst unterschiedliche Synthesevorschriften verwendet um N,N'-1,2-Ethandiamindipent-4-enamid (15) darzustellen. Im Anschluss wurde die am besten geeignete Vorschrift zur Darstellung weiterer Amide verwendet.

Es wurden insgesamt drei Synthesen untersucht. Bei der Synthese nach S. NIMGIRAWA und C. BROKA wurde 4-Pentensäurechlorid (28) als Edukt eingesetzt.[67,68] Es wurden Umsätze im Bereich von 42-85% erreicht. Neben der Zielverbindung wurden jedoch auch große Mengen von Nebenprodukten im NMR-Spektrum nachgewiesen, die nicht durch eine einfache Reinigung mittels Extraktion entfernt werden konnten.

Die Synthese nach J. R. T. VINSON lieferte hingegen deutlich reinere Verbindungen und vereinfachte damit die Aufarbeitung deutlich.[69] Aufgrund dessen wurde diese Reaktion verwendet, um die dienterminierten Amide darzustellen. Bei der Synthese wurde jeweils 4-Pentensäure (3) als Edukt eingesetzt und in situ mit dem Reagenz 1,1'-Carboxyldiimidazol (CDI) bei 0 °C aktiviert.

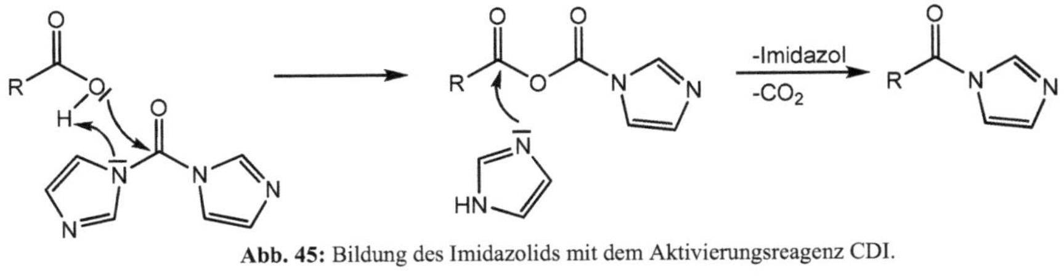

Abb. 45: Bildung des Imidazolids mit dem Aktivierungsreagenz CDI.

Bei der Reaktion wird zunächst unter Abspaltung von Kohlendioxid und Imidazol das aktivierte Imidazolid über eine gemischte Anhydridzwischenstufe gebildet (siehe Abb. 45). Diese Spezies kann dann im Anschluss nucleophil von einem Amin angegriffen werden. Dafür wurde nach der Aktivierung das entsprechende Amin bzw. das Diamin in DCM gelöst und hinzugegeben. Nach der Extraktion erfolgte die Reinigung der Reaktionsprodukte, wenn nötig mittels Umkristallisation oder Säulenchromatographie. Es wurden hohe Ausbeuten von 69-92% erhalten.

4.1.6 Synthese von Monomeren ausgehend vom C_5-Baustein 4-Pentenol

Es konnten mit dem C_5-Baustein 4-Pentenol (**4**) verschiedene Monomere mit unterschiedlichen Funktionalitäten dargestellt werden. Es wurden Carbonsäurechloride, Diisocyanate und Triphosgen zur Synthese der Diene verwendet.

4.1.6.1 Synthese von Estermonomeren ausgehend von 4-Pentenol

Ausgehend vom 4-Pentenol (**4**) wurden aromatische dienterminierte Ester und dienterminierte Acrylsäureester synthetisiert (siehe Abb. 46).[66] Die gewählten Carbonsäurechloride sind im großem Maßstab verfügbar und kommerziell erhältlich.

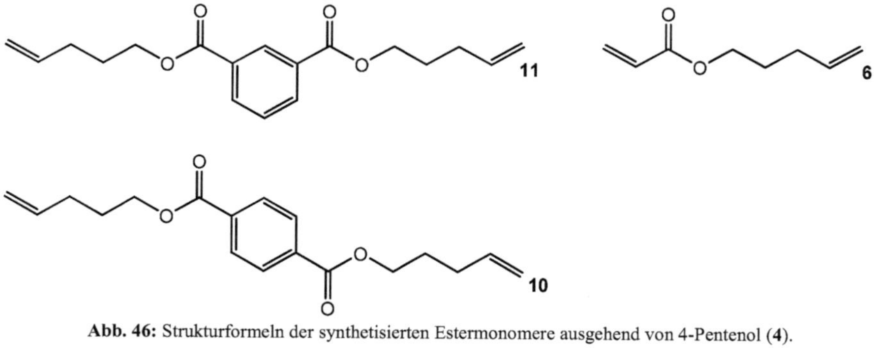

Abb. 46: Strukturformeln der synthetisierten Estermonomere ausgehend von 4-Pentenol (**4**).

Zur Synthese der Monomere wurde 4-Pentenol (**4**) mit einer Stickstoffbase (Pyridin oder NEt$_3$) in DCM gelöst und gekühlt. Die Lösung wurde mit 1 eq. des entsprechenden Säurechlorids (bezogen auf die Hydroxygruppen) versetzt. Die Reinigung der Reaktionsprodukte erfolgte mittels fraktionierter Destillation bei vermindertem Druck. Bei den erhöhten Temperaturen während der Destillation des Acrylsäureesters **6** wurde zusätzlich noch 4-Methoxyphenol als Radikalinhibitor in die Destillationsvorlage gegeben, um die radikalische Polymerisation an der Acrylfunktion zu unterbinden. Es wurden Ausbeuten von 64-71% erhalten.

4.1.6.2 Synthese von Urethanmonomeren ausgehend von 4-Pentenol

Mit Diisocyanaten konnte 4-Pentenol (**4**) zu neuen dienterminierten Urethanen dimerisiert werden (siehe Abb. 47).[70,71] Diisocyanate sind relativ preisgünstig und finden bei der Darstellung von Polyurethanen in der Industrie breite Anwendung. Die hohe Reaktivität der Isocyanatfunktion gegenüber Alkoholen garantierte hohe Umsätze und Ausbeuten, bei der Verknüpfungsreaktion mit 4-Pentenol (**4**).

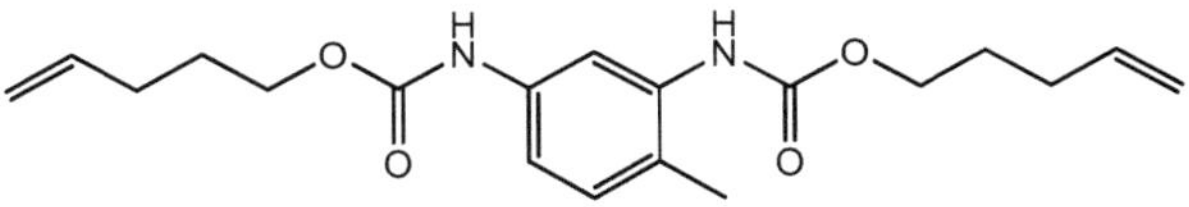

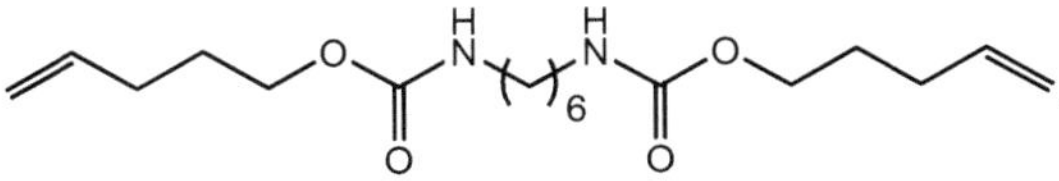

Abb. 47: Strukturformeln der synthetisierten Urethanmonomere.

Es wurden 4-Pentenol (**4**) und Triethylamin in DCM gelöst. Anschließend wurde das entsprechende Diisocyanat bei 0 °C hinzugegeben. Um den vollständigen Umsatz zu gewährleisten wurde nach vollständiger Zugabe das Reaktionsgemisch bei RT für 16 Stunden gerührt, Nach der Reinigung durch Umkristallisation wurden Ausbeuten von 79-82% erhalten.

4.1.6.3 Synthese von Dipent-4-enylcarbonat

Triphosgen (**29**) ist eine sehr reaktive, bei Raumtemperatur feste, kristalline Substanz, welche die effiziente Dimerisierung von Alkoholen zu Carbonaten ermöglicht. Analoge Reaktionen sind auch mit gasförmigem Phosgen möglich, jedoch ist dieses sehr toxische Gas im Gegensatz zu kristallinen Triphosgen (**29**) bei RT nur schwer handhabbar (siehe Abb. 48).[72]

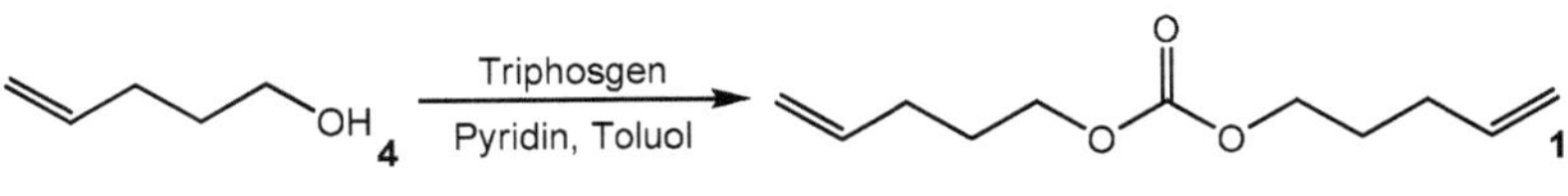

Abb. 48: Darstellung von Dipenten-4-ylcarbonat (**18**).

Es wurde Triphosgen (**29**) mit Toluol überschichtet und gekühlt. Anschließend wurde. Pyridin (**30**) gelöst in Toluol über eine Stunde hinzugegeben. Nach vollständiger Zugabe bildete sich das Dipyridiniumsalz von Phosgen als gelber Feststoff (siehe Abb. 49). Die gebildete Dipyridiniumspezies ist sehr reaktiv gegenüber nucleophilen Derivaten.

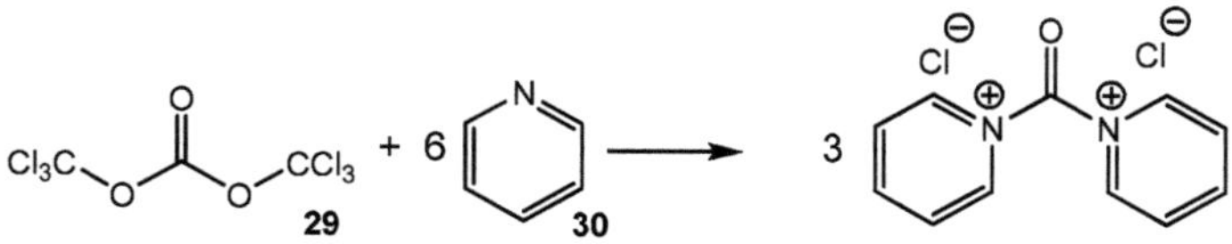

Abb. 49: Bildung des reaktiven Dipyridiniumsalzes.[72]

Nach der vollständigen Zugabe wurde 4-Pentenol (**4**) als nucleophiles Reagenz, gelöst in Toluol, hinzugegeben und bei RT gerührt. Unter Abspaltung von Pyridiniumchlorid bildete sich die Zielverbindung. Die Reinigung des Produktes erfolgte nach der Extraktion mittels Destillation bei vermindertem Druck. Es wurde eine Ausbeute von 82% erhalten. Insgesamt war die Synthese gut geeignet um das Monomer im größeren Labormaßstab zu synthetisieren.

4.2 Synthese von Lactonen und Dilactonen mittels RCM

Im Verlauf der Arbeit wurden endständige dienterminierte Ester synthetisiert. Ausgehend davon wurden Versuche unternommen diese Verbindungen in ungesättigte Lactone zu überführen. Es handelt sich dabei um cyclische Ester, welche beispielsweise über eine anionische ROP in Polyester überführt werden können.[73] ROPs sind sehr effizient und es können dabei sehr enge Molmassenverteilungen erhalten werden.

Die Synthese der Lactone konnte über die RCM realisiert werden, jedoch waren die Durchsätze und Ausbeuten gering und die benötigte Menge des Metathesekatalysators hoch. Dies war bedingt durch die sehr hohe Verdünnung, die bei der Cyclisierungsreaktion nötig war. Aufgrund dessen konnten keine Lactone im großen Maßstab synthetisiert bzw. polymerisiert werden. Deshalb wurde diese Strategie letztendlich nicht weiter verfolgt.

4.2.1 Versuche der Cyclisierung von 4-Pentensäure-4-pentenylester

Die Versuche der Cyclisierung von 4-Pentensäure-4-pentenylester (2) waren nicht erfolgreich. Es bildete sich bei keiner der durchgeführten Reaktionen das entsprechende neungliedrige Lacton 31 (siehe Abb. 50).

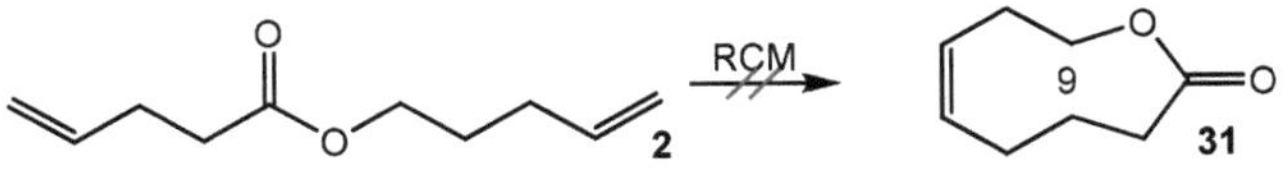

Abb. 50: Versuch der Ringschlussmetathese von 4-Pentensäure-4-pentenylester (2).

In der Fachliteratur finden sich diverse Artikel, die beschreiben, dass neungliedrige Verbindungen mit der Olefinmetathese nicht darstellbar sind.[74,75] Wahrscheinlich sind generell mittlere Ringgrößen von 9-11 Gliedern mit der RCM nur sehr schwer zugänglich. Die Bildung von „mittelgroßen" Ringen ist thermodynamisch ungünstig, weil es bei diesen Ringgrößen zu negativen transannulären Wechselwirkungen kommt. Da es sich bei der RCM um eine sehr stark thermodynamisch bestimmte Reaktion handelt, ist diese kaum in der Lage energetisch ungünstige, gespannte Ringsysteme auszubilden.

Die schwere Zugänglichkeit von „mittelgroßen" Ringen wurde auch in einer Untersuchung von M. B. SMITH, welche sich mit Cyclisierung von ω-Bromalkylmalonaten beschäftigte, beschrieben.[76] Diese Versuche zeigten, dass eine Cyclisierung von neungliedrigen Systemen um mehrere Zehnerpotenzen langsamer verläuft als die Cyclisierung von sechs- oder fünfgliedrigen

Ringsystemen. Die Cyclisierungen von mittelgroßen Ringsystemen sind sogar um mindestens eine Zehnerpotenz langsamer als die Bildung von größeren Cyclen (12-23 Glieder). Die durchgeführten Versuche zeigten, dass die RCM der 4-Pentensäure-4-pentenylester (**2**) nicht zur Darstellung von Lactonen geeignet war. Im Anschluss wurden deshalb dienterminierte Ester unter RCM Bedingungen untersucht, welche Ringe mit 7 bzw. 14 Gliedern bilden konnten.

4.2.2 Synthese von Bislactonen

Aus Acrylsäure-4-pentenylester (**6**) und 4-Pentensäureallylester (**5**) wurden mit der RCM erfolgreich Lactone synthetisiert. Es bildeten sich neben den Oligomeren hauptsächlich cyclische Dimere (siehe Abb. 51), weshalb im Reaktionsprodukt keine monozyklischen Verbindungen nachgewiesen werden konnten. Wahrscheinlich war ausgehend von den eingesetzten Verbindungen die Bildung von größeren Ringsystemen mit 14 Gliedern günstiger als die Bildung von Systemen mit 7 Gliedern.

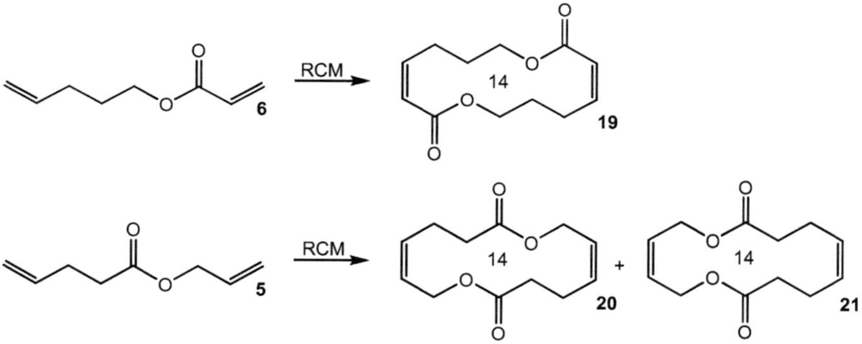

Abb. 51: Reaktionsgleichung zur Synthese von ungesättigten Lactonen.

Für RCMs werden generell große Verdünnungen benötigt, weil dann bevorzugt die intramolekulare Reaktion (Cyclisierung) stattfindet. Deshalb wurde die Synthese entsprechend bei einer Eduktkonzentration von 0.02 M und mit 1.5 mol% Katalysator durchgeführt. Um bei diesen Bedingungen einen vollständigen Umsatz erreichen zu können, erfolgte die Katalysatorzugabe in mehreren Portionen von 1.5 mol% „Grubbs-Hoveyda Katalysator der zweiten Generation" (**GH2**) jeweils nach 24 Stunden, bis mittels GC kein Edukt mehr nachgewiesen werden konnte. Für einen quantitativen Umsatz waren bis zu 10 mol% Katalysator nötig. Die Produkte konnten mittels Säulenchromatographie gereinigt werden und es wurden Ausbeuten von 8-13% erhalten.
Bei der RCM von Acrylsäure-4-pentenylester (**6**) konnte zusätzlich nur eine Kopf-Schwanz-Verknüpfung beobachtet werden, während bei der RCM vom

4-Pentensäureallylester (**5**) auch ein geringer Anteil an Kopf-Kopf-Verknüpfung nachgewiesen werden konnte. Dies konnte mittels NMR und Gaschromatographie mit Kopplung zum Massenspektrometer (GC-MS) untersucht werden. Die entsprechenden Chromatogramme und Massenspektren sind in Kap. 8.4 (ab Seite 122) aufgeführt. Für die bevorzugte Kopf-Schwanz-Verknüpfung könnten sowohl elektronische als auch sterische Effekte am Substrat-Katalysator-Komplex verantwortlich sein.

Die Durchsätze und die Ausbeuten bei den Reaktionen waren, vor allen aufgrund der benötigten hohen Verdünnungen, eher gering. Synthesen, bei denen die Eduktkonzentration erhöht wurde, lieferten, wahrscheinlich aufgrund vermehrter Oligomerbildung, noch geringere Ausbeuten. Diese Ergebnisse führten dazu, dass die Synthesestrategie trotz der erfolgreichen Synthese von Lactonen nicht weiter verfolgt wurde.

4.3 Katalysierte Umlagerung von Epoxiden zu Aldehyden

Im Rahmen der Dissertation wurden Wege erforscht, Epoxide in Aldehyde zu überführen. Durch diese Reaktion sollten synthetisierte Diene in Diepoxide überführt werden, die anschließend katalytisch zu Dialdehyden umgelagert werden sollten. Diese Verbindungen sollten dann mit der Tishchenkoreaktion polymerisiert werden. In der Abb. 52 ist die geplante Syntheseroute schematisch dargestellt.

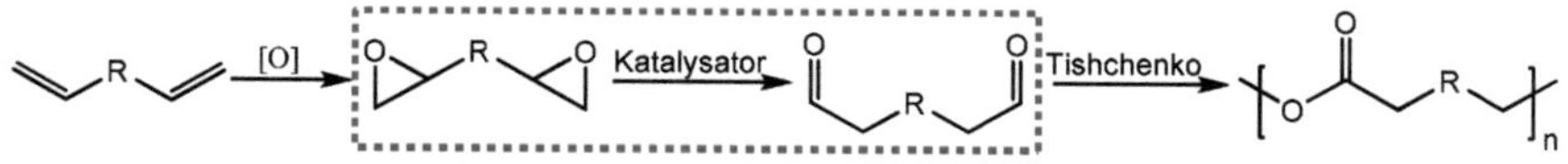

Abb. 52: Synthese von Polyestern ausgehend von Diepoxiden.

Doppelbindungen sind im Allgemeinen relativ einfach in Epoxide zu überführen und Tishchenkoreaktionen von Aldehyden mit ausgewählten funktionellen Gruppen verlaufen mit hohen Ausbeuten. Der Schlüsselschritt dieser Strategie war deshalb vor allem die effiziente Umlagerung der synthetisierten Diepoxide in Dialdehyde (in Abb. 52 rot hervorgehoben). Aufgrund dessen wurde diese Reaktion zunächst intensiv untersucht. Es war dabei sehr wichtig, dass die Umlagerung eine möglichst hohe Ausbeute und Selektivität aufwies. Generell können bei der Umlagerung von terminalen Epoxiden zwei Produkte mit Carbonylfunktion entstehen. Es kann sich das entsprechende Methylketon oder der Aldehyd bilden (siehe Abb. 53).

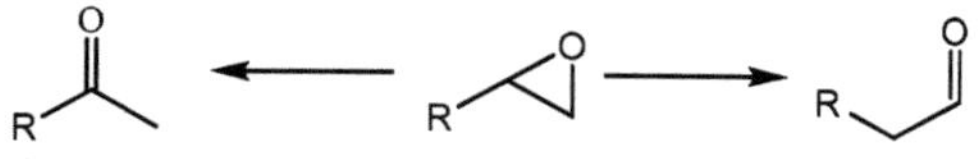

Abb. 53: Reaktionsprodukte bei der Umlagerung von Epoxiden.

Damit bevorzugt die Umlagerung zum Aldehyd stattfindet, können Lewissäure als Katalysatoren eingesetzt werden. Dabei erfolgt die Reaktion über ein dipolares Intermediat (siehe Abb. 54).[77]

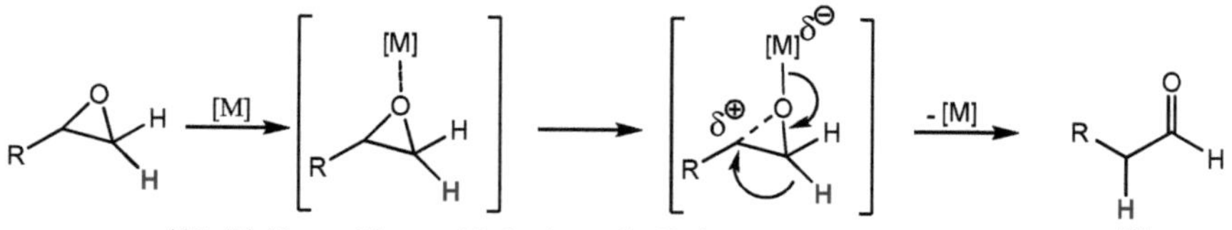

Abb. 54: Vorgeschlagener Mechanismus der Umlagerung von Epoxiden zu Aldehyden.[77]

Es findet zunächst eine polare Wechselwirkung zwischen Metallzentrum und Sauerstoffatom statt. Anschließend bildet sich eine Spezies mit dipolarem Charakter, bei dem der sekundäre Kohlenstoff partiell positiv polarisiert ist. Diese Spezies kann sich anschließend über eine Wasserstoffumlagerung stabilisieren, bei dem der entsprechende Aldehyd gebildet wird.

Es sind in der Literatur einige Katalysatoren für diese Reaktion bekannt.[80-79] Eine solche Umlagerung wurde mit Vanadiumkomplexverbindungen als Katalysatoren von E. F. LLAMA beobachtet.[78] Unter stark basischen Bedingungen konnte eine Umlagerung von Epoxiden zu Aldehyden nach H. YAMAMOTO mit Lithium-2,2,6,6-Trimethylpiperidin katalysiert werden.[79] Die oben genannten Reaktionen wiesen jedoch zu geringe Ausbeuten auf oder waren aufgrund der stark basischen Bedingungen nicht geeignet für den gewählten Reaktionspfad.

Literaturvorschriften, bei denen mildere Reaktionsbedingungen und höhere Ausbeuten erzielt wurden, waren dagegen vielversprechend. Anlehnend an diese Vorschriften wurden drei verschiedene Katalysatorsysteme untersucht.

1. Von T. TAKANAMI wurde beschrieben, dass Metalloporphyrintriflatkomplexe in der Lage sind Epoxide zu den entsprechenden Aldehyden umzulagern.[80] Porhyrinkomplexe sind sterisch sehr anspruchsvolle Verbindungen, deren Synthese relativ aufwendig ist.

2. Viele Salenkomplexe weisen ähnliche Reaktivitäten wie Porhyrinkomplexe auf. Aufgrund dessen wurde untersucht, ob Umlagerungen auch mit Salentriflatkomplexen möglich waren, welche bisher noch nicht auf ihre katalytische Aktivität gegenüber Epoxiden untersucht wurden.

3. Es wurden Seltenerdverbindungen auf ihre Aktivität untersucht. Einige Seltenerdtriflate seien nach A. TAGARELLI unter der Verwendung von geeigneten Lösungsmitteln in der Lage die erwünschte Reaktion zu katalysieren.[81]

Die beschriebenen Porphyrin- und Selenkomplexe wurden zunächst dargestellt und anschließend, wie die kommerziell erworbenen Seltenerdtriflate, auf ihre katalytische Aktivität untersucht. Experimente an der Modellverbindung Butyloxiran sollten klären, inwieweit die Katalysatoren in der Lage waren unfunktionalisierte Epoxide zu Aldehyden umzulagern. Die Verwendung von unterschiedlichen Lösungsmitteln kann sich sehr stark auf die Reaktion auswirken, weil die Polarität einen deutlichen Einfluss auf die Energieniveaus der Übergangszustände und Zwischenstufen ausübt. Es wurden deshalb unterschiedliche Solventien eingesetzt, um deren Einfluss auf die Selektivitäten zu untersuchen.

Einige der synthetisierten Katalysatoren wiesen eine hohe katalytische Aktivität auf und waren in der Lage, die Umlagerung von Butyloxiran in Hexanal zu bewirken (siehe Kap. 4.3.2; Seite 59). Dabei wurden mit einigen Katalysatoren gute Ausbeuten und eine sehr hohe Regioselektivität erzielt, die bei weiterer Optimierung wahrscheinlich noch weiter verbessert werden könnten. Weiterführende Experimente zeigten jedoch, dass diese Katalysatoren nicht in der Lage waren, Epoxide mit zusätzlichen funktionellen Gruppen zu Aldehyden umzulagern. Die mangelnde Toleranz gegenüber weiteren funktionellen Gruppen war der Grund weshalb über diesen Reaktionspfad keine Dialdehyde dargestellt werden konnten. Im Folgenden werden die Synthesen und die Experimente zur Umlagerung erläutert.

4.3.1 Synthese der Metallkomplexe

Der folgende Abschnitt behandelt die Synthese der Metallkomplexe, welche anschließend auf ihre katalytische Aktivität zur Umlagerung von Epoxiden zu Aldehyden untersucht wurden.

4.3.1.1 Synthese des Metalloporphyrintriflatkomplexes

Es wurden zur Synthese des Porphyrinliganden unterschiedliche Syntheserouten untersucht. Eine Ein-Topf-Synthese nach S. SAKAR, bei der die Synthese des Porphyrinkomplexes und die Komplexierung des Metallzentrums in situ erfolgte, war nicht erfolgreich.[82] Es bildeten sich bei dieser Synthese eine Vielzahl von Nebenprodukten. Im Gegensatz dazu lieferte die hier im folgenden Abschnitt beschriebene dreistufige Synthesevorschrift nach M. BOLD hohe Produktreinheiten und eine Gesamtausbeute von 14% (siehe Abb. 55).[83]

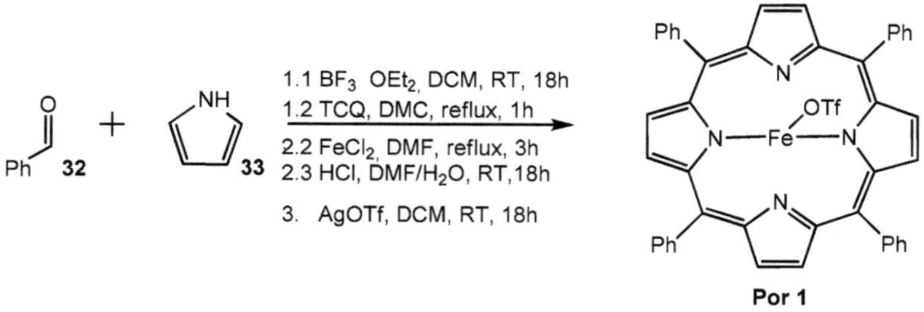

Abb. 55: Synthese des verwendeten Metalloporphyrintriflatkomplexes **Por 1**.

Die Synthese des Porphyrinliganden erfolgte in relativ hoher Verdünnung, um die Bildung des cyclischen Porphyrinliganden zu begünstigen. Es wurde Pyrrol (**33**), Benzaldehyd (**32**) in DCM gelöst und mit Bortrifluoriddiethyletherat als Katalysator versetzt und 18 Stunden bei RT gerührt. Anschließend wurde 2,3,5,6-Tetrachloro-1,4-(p-)-benzoquinon (TCQ) als Oxidationsmittel hinzugegeben und unter Rückfluss erhitzt. Die Reinigung des Porphyrinliganden erfolgte säulenchromatographisch.

Der synthetisierte Porphyrinligand wurde anschließend mit Eisen-(II)-chlorid in Dimethylformamid (DMF) umgesetzt.[84] Der sich bildende Eisenkomplex wurde im Reaktionsgemisch ohne weitere Reinigung zum Eisen-(III)-komplex oxidiert und anschließend säulenchromatographisch gereinigt. Das synthetisierte Eisen(III)-*meso*-tetraphenylchlorid und Silbertriflat wurden in DCM gelöst.[85] Silberchlorid ist in dem verwendeten Lösungsmittel unlöslich und wurde nach beendigter Reaktion abfiltriert.[86] Die Synthese des Eisen(III)-*meso*-tetraphenyltriflat (**Por 1**) über die beschriebene dreistufige Synthese war insgesamt vor allem wegen der hohen Verdünnung und der säulenchromatographischen Reinigung der Produkte sehr aufwendig.

4.3.1.2 Darstellung von Eisen(III)-salentriflatkomplexen

Die Salenliganden wurden mit einer Ein-Topf-Synthese mit dem Zentralatom und in situ mit Silbertriflat versetzt, um den entsprechenden Eisentriflatkomplex zu erhalten (siehe Abb. 56).[86]

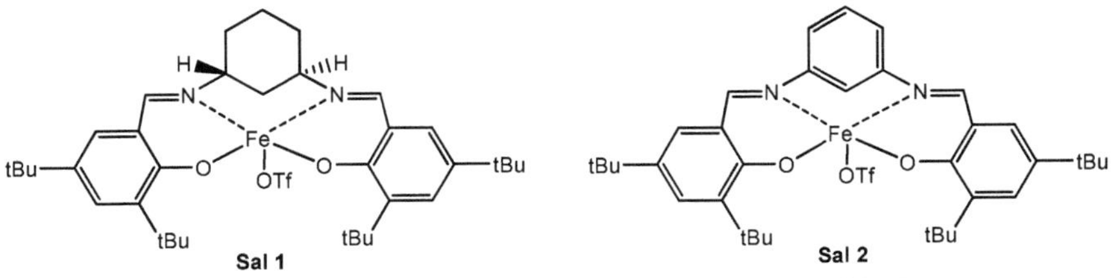

Abb. 56: Strukturformeln der Verbindungen **Sal 1** und **Sal 2**.

Es wurde jeweils der Salenkomplex mit Eisen(II)-chlorid in Tetrahydrofuran (THF) gelöst und drei Stunden bei RT gerührt. Anschließend wurde Silbertriflat hinzugegeben. Nach Beendigung der Reaktion wurde das Reaktionsprodukt säulenchromatographisch gereinigt und Ausbeuten von bis zu 50% erhalten.

4.3.2 Untersuchung der Epoxidumlagerung mit der Modellverbindung Butyloxiran

Die synthetisierten Metallkomplexe und Seltenerdverbindungen wurden auf die Fähigkeit zur Umlagerung von Butyloxiran zu Hexanal untersucht. Parallel zu jeder katalytischen Reaktion wurde eine Blindprobe durchgeführt, bei der das Butyloxiran ohne Katalysator im entsprechenden Lösungsmittel erhitzt wurde.

Die Reaktionen wurden mit den verschiedenen Katalysatoren in unterschiedlichen Lösungsmitteln (Toluol, Chloroform, Dioxan), bei unterschiedlichen Temperaturen (jeweils 50 °C oder 90 °C) durchgeführt. Generell betrug die Reaktionszeit drei Stunden und es wurde eine Katalysatorkonzentration von 2 mol% verwendet.

Tab. 4: Ergebnisse der Untersuchung der Umlagerung von Butyloxiran zu Hexanal.

Parameter	Katalysator	Umsatz [%]	Anteil im Produkt [%]		
			n-Bu-CH₂-CHO	n-Bu-CO-	weitere Produkte
Toluol; 50 °C	ohne Katalysator	0.0	-	-	-
	Por 1	3.1	93.5	6.5	-
	Sal 1	14.1	100.0	-	-
	Sal 2	18.6	97.3	2.7	-
	Sc-(III)triflat	10.6	100.0	-	-
	Er-(III)triflat	9.8	100.0	-	-
Dioxan, 90 °C	ohne Katalysator	3.5	35.3	-	64.7
	Por 1	37.3	88.5	5.4	6.2
	Sal 1	94.1	88.1	5.0	6.9
	Sal 2	89.7	94.8	2.9	2.3
	Sc-(III)triflat	100.0	89.9	8.6	1.5
	Er-(III)triflat	100.0	87.2	11.2	1.6
Toluol; 90 °C	ohne Katalysator	0.7	-	-	-
	Por 1	21.9	94.5	5.5	-
	Sal 1	89.4	96.0	4.0	-
	Sal 2	71.1	96.8	3.2	-
	Sc-(III)triflat	100	90.2	9.8	-
	Er-(III)triflat	100	96.2	3.8	-

In Tab. 4 sind der Übersicht halber nur einige ausgewählte Ergebnisse der Experimente dargestellt. Die Untersuchung der Reaktionsprodukte erfolgte mittels GC mit einem massensensitiven Flammenionisationsdetektor (FID). Aus den detektierten Signalen konnte mit den erhaltenen Integralen der Anteil der jeweiligen Produkte ermittelt werden. Die Kalibrierung der GC und die Ermittlung der Retentionszeiten der Reaktionsprodukte wurde mit Vergleichssubstanzen durchgeführt. Bei den Umlagerungen konnten teilweise einige Signale nicht eindeutig zugeordnet werden. Der Masseanteil dieser weiteren Produkte, die vor allen bei höheren Temperaturen gebildet wurden, wurde ebenfalls bestimmt.

Es wurde deutlich, dass bei einer Temperatur von 50 °C Umlagerungsreaktionen nur im geringen Maße stattgefunden hatten. Exemplarisch hierfür sind in Tab. 4 die Ergebnisse der Experimente in Toluol bei 50 °C aufgeführt. Die Salenkomplexe **Sal 1** und **Sal 2** waren unter diesen Bedingungen bei guten Selektivitäten mit Umsätzen von bis zu 20% noch am aktivsten. Die Seltenerdtriflate wiesen mit nur 10% Ausbeuten eine deutlich geringere Aktivität auf. Auch in anderen Lösungsmitteln, wie Chloroform und Dioxan wurden bei 50 °C nur geringe Umsätze beobachtet. Die Ergebnisse dieser Untersuchungen sind der Übersicht halber im Experimentalteil (Tab. 9; Seite 121) zu finden. Obwohl die Selektivitäten bei geringen Temperaturen oft hoch waren konnten diese Reaktionsbedingungen aufgrund der geringen Umsätze nicht für die effiziente Synthese von Aldehyden verwendet werden.

Eine deutliche Erhöhung der Aktivität wurde bei höheren Temperaturen beobachtet. Bei der Umlagerung von Butyloxiran in Dioxan bei 90 °C wurde nach drei Stunden Reaktionszeit mit den Katalysatoren eine deutliche Erhöhung des Umsatzes beobachtet. Die Salenkomplexe und die Seltenerdtriflate setzten das Butyloxiran quantitativ um. Die eingesetzten Verbindungen katalysierten die Umlagerung mit hohen Selektivitäten von 90-95%, wobei der Salenkomplex **Sal 2** die höchste Selektivität aufwies.

Ähnlich gute Ausbeuten wurden bei der Umlagerungsreaktion in Toluol bei 90 °C erzielt. Die Salenkomplexe und die Seltenerdtriflate erzielten teilweise quantitative Umsätze. Besonders die Seltenerdtriflate zeichneten sich dabei durch eine sehr hohe Aktivität aus. Der Anteil des gewünschten Reaktionsproduktes Hexanal war bei quantitativem Umsatz mit 90-96% sehr hoch. Die Untersuchungen zeigten, dass die Katalyse mit Erbium(III)-triflat im unpolaren Lösungsmittel Toluol, bei einer Temperatur von 90 °C am effizientesten war. Ein weiterer Vorteil beim Einsatz dieses Katalysators war, dass dieser kommerziell erhältlich war und nicht aufwendig synthetisiert werden musste. Aufgrund dessen war Erbium(III)-triflat für die Synthesestrategie sehr vielversprechend.

4.3.3 Umlagerung von höher funktionalisierten Derivaten

Die Experimente mit der Modellverbindung Butyloxiran zeigten, dass die verwendeten Katalysatoren prinzipiell in der Lage waren die Umlagerung von Epoxiden zu Aldehyden effizient zu katalysieren. Es wurden anschließend Experimente mit funktionalisierten Molekülen durchgeführt (siehe Abb. 57).

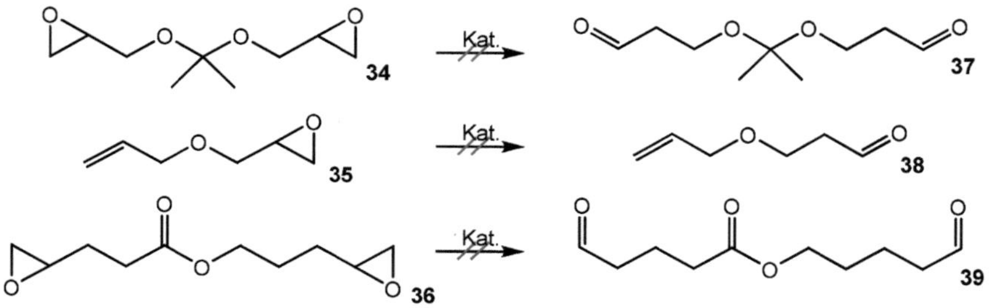

Abb. 57: Versuche zur Synthese von Aldehyden aus funktionalisierten terminalen Epoxiden.

Die Experimente mit Verbindung **34**, **35** und **36** wurden mit den fünf unterschiedlichen Katalysatoren durchgeführt. Die Experimente wurden in Toluol und Dioxan bei 90 °C durchgeführt. Keiner der verwendeten Katalysatoren wies eine Aktivität gegenüber den Verbindungen auf. Es konnten im jeweiligen Reaktionsgemisch nur die eingesetzten Edukte nachgewiesen werden (mittels GC und NMR). Die durchgeführten Experimente zeigten, dass die eingesetzten Katalysatorsysteme nicht tolerant gegenüber den gewählten funktionellen Gruppen waren. Diese mangelnde Toleranz war der Grund weshalb dieser vielversprechende Ansatz der Umlagerung von Diepoxiden zu Dialdehyden und die anschließende Polymerisation mittels der Tishchenkoreaktion, trotz der Erfolge bei der Umlagerung von nicht funktionalisierten Epoxiden, nicht weiter verfolgt wurde.

5. Kapitel

ADMET der dargestellten terminalen Diene

Im Laufe der Arbeit wurden eine Reihe von terminalen Dienen synthetisiert. Anschließend wurde untersucht, inwieweit die Verbindungen mit der ADMET polymerisierbar waren.

ADMETs mit „Grubbs-Katalysatoren" sind generell Reaktionen, welche sich durch ihre hohe Selektivität gegenüber Doppelbindungen und große Toleranz gegenüber weiteren funktionellen Gruppen auszeichnen. Aufgrund dieser Eigenschaften lässt sich die ADMET verwenden um hochfunktionalisierte Polymere zu erhalten. Bei der ADMET handelt es sich um eine Stufenwachstumsreaktion, weshalb sehr große Anforderungen an die Reinheit der Edukte gestellt wurden und um einen brauchbaren Polymerisationsgrad erhalten zu können, musste der Umsatz bei der Polymerisation im Bereich von 95-100% liegen.

Über die ADMET ließen sich endständige Diene in hochfunktionalisierte Polymere mit zum Teil hohen Molmassen überführen. Auf diese Weise wurden beispielsweise Polyester, Polyamide, Polycarbonate und Polyurethane hergestellt. Auch die Synthese von verzweigten und vernetzten Polymeren konnte auf diesem Weg realisiert werden. Die erhaltenen Polymere hatten jeweils mehrere Doppelbindungen, die im Anschluss für weitere Reaktionen, wie radikalische Vernetzungen, benutzt werden könnten. Es zeigte sich, dass die Strategie Diene zu synthetisieren und diese anschließend mit der ADMET zu polymerisieren zielführend war.

Im folgenden Abschnitt wird zur besseren Übersicht zwischen Dienen mit äquivalenten und nicht äquivalenten terminalen Doppelbindungen unterschieden. Des Weiteren wird auf die ADMET von Verbindungen mit allylischen Funktionen gesondert eingegangen. Diese Unterscheidungen sind wichtig, weil die Konstitution der Monomere große Auswirkungen auf die ADMET und die Polymerstruktur hatte. Beispielsweise können sich bei Monomeren mit nicht äquivalenten Doppelbindungen unterschiedliche Verknüpfungen bilden. Es war dabei eine Kopf-Kopf, Kopf-Schwanz oder eine Schwanz-Schwanz Verknüpfung möglich. Auf diese Besonderheiten bei den Polymerisationen wird in den einzelnen Abschnitten noch detailliert eingegangen.

5.1 Grundlagen der durchgeführten ADMETs

Im Folgenden wird kurz auf die generellen Polymerisationsbedingungen, einige theoretische Grundlagen und Analysen eingegangen, die bei den durchgeführten ADMETs von Bedeutung waren.

5.1.1 Allgemeine Reaktionsbedingungen bei der ADMET

Bei den ADMETs wurde jeweils Argon als Schutzgas verwendet. In der Regel sind zwei Polymerisationen mit gleichen Bedingungen parallel durchgeführt worden. Dazu wurde der Metathesekatalysator „Grubbs-Hoveyda Katalysator der zweiten Generation" (**GH2**) jeweils vorgelegt und die Monomere in Lösung oder in Masse hinzugegeben. Anschließend wurde bei der entsprechenden Reaktionstemperatur 6 Stunden gerührt (siehe Abb. 58).

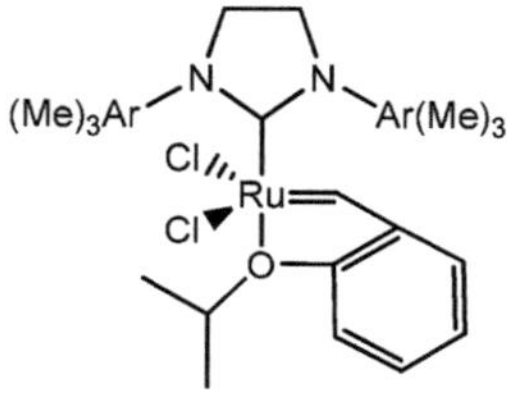

Abb. 58: „Grubbs-Hoveyda Katalysator der zweiten Generation" (**GH2**).

Weil sich hohe Konzentrationen der reaktiven Endgruppen deutlich positiv auf die Reaktionsgeschwindigkeiten auswirken, wurden die Polymerisationen wenn möglich in Masse durchgeführt. Auch intramolekulare Konkurrenzreaktionen, wie die Bildung cyclischer Produkte, finden bei dieser Art der Reaktionsführung nur im geringeren Maße statt (siehe Kap. 3.3.4.3; Seite 29). In Masse konnten aliphatischer Ester und Carbonate polymerisiert werden. Dabei wurde das Reaktionsgemisch bei einer Temperatur von 55 °C mechanisch gerührt. Eine Reinigung von in Masse hergestellten Polymeren wurde nicht durchgeführt, weil diese aufgrund ihres geringen Schmelzpunktes nicht quantitativ in Methanol umgefällt werden konnten.

Polymerisationen von aromatischen Estern und Urethanen wurden in Lösungsmittel unter Rückfluss durchgeführt. Bei der Massepolymerisation bildeten diese Derivate bereits nach geringen Umsätzen feste Reaktionsgemische aus, die ein weiteres Polymerwachstum verhinderten.

5.1.2 Abschätzung des Zahlenmittels der Molmasse mittels ^{1}H-NMR-Spektroskopie

Die ^{1}H-NMR-Spektroskopie ermöglichte zum Teil das Abschätzen der Molmassen über den Vergleich der Integrale der erhaltenen Spektren. Mit dieser Methode konnte der Umsatz und Polymerisationsgrad von Polymeren während und nach der Polymerisation bestimmt werden. Der jeweilige Umsatz konnte anhand der Verhältnisse ausgewählter Integrale bestimmt werden. Dazu wurde ein Signal von Protonen, welches sich während der Polymerisation nicht veränderte (Referenzsignal) mit einem Signal endständigen Alken-Protonen (Alkensignal) ins Verhältnis gesetzt. Das Integral des Alkensignals wurde mit zunehmenden Umsätzen geringer, während das Referenzsignal konstant blieb. Die spezifischen Signale mit denen diese Bestimmung durchgeführt wurde, sind für das jeweilige Polymer im Experimentalteil aufgeführt (siehe Kap. 8.5; ab Seite 125).

In Abb. 59 sind die ^{1}H-NMR-Spektren einer Polymerisation von Verbindung **17** dargestellt. Es ist deutlich zu erkennen, dass das Integral der Protonen der ursprünglichen Doppelbindung (Alkensignal) mit fortschreitender Polymerisation abnimmt, während das Integral des Signals der CH_2-Gruppen benachbart zum Stickstoff (Referenzsignal) konstant bleibt (Abb. 59).

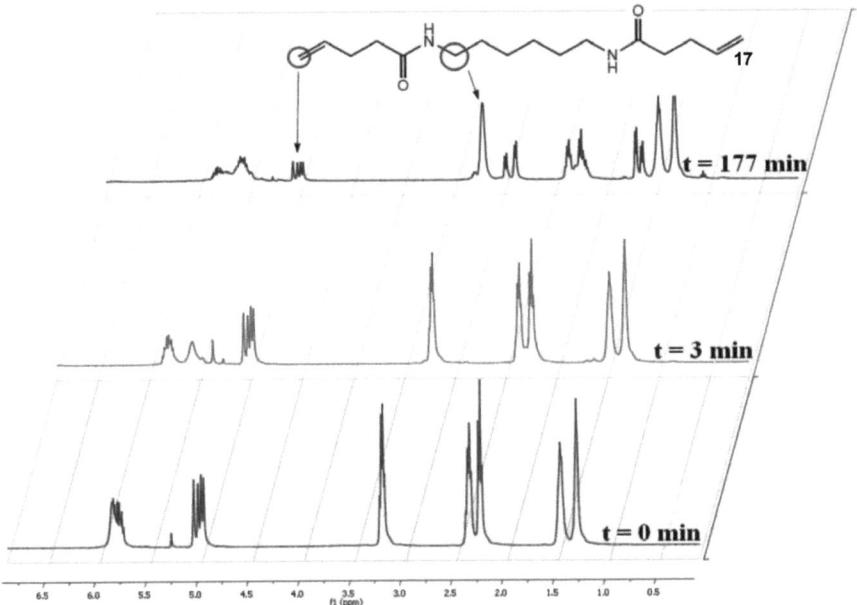

Abb. 59: Online Messung der Polymerisation von Verbindung **17** (1 mol% GH2, 0.75 ml $CDCl_3$).

ADMET der dargestellten terminalen Diene

Aus dem Verhältnis dieser Integrale lässt sich der Polymerisationsgrad des Polymers bestimmen. Bei dieser Bestimmungsmethode wurde davon ausgegangen, dass das Verhältnis der Integrale direkt proportional zum Polymerisationsgrad ist. Nebenreaktionen, wie beispielsweise die Bildung von cyclischen Produkten, wurden bei dieser Betrachtung vernachlässigt. Bei hohen Polymerisationsgraden waren die Signale der verbleibenden Alkenprotonen gering, so dass sie nur schwer vom Untergrundrauschen zu unterscheiden waren. Dies führt vor allen bei hohen Polymerisationsgraden zu experimentellen Fehlern und ungenauen Ergebnissen. Die ^{1}H-NMR-Spektroskopie war bei Derivaten bei denen sich die unterschiedlichen Alkensignale nicht überlagerten gut geeignet, um eine Abschätzung des Polymerisationsgrades durchzuführen und den zeitlichen Verlauf einer Polymerisation zu beobachten.

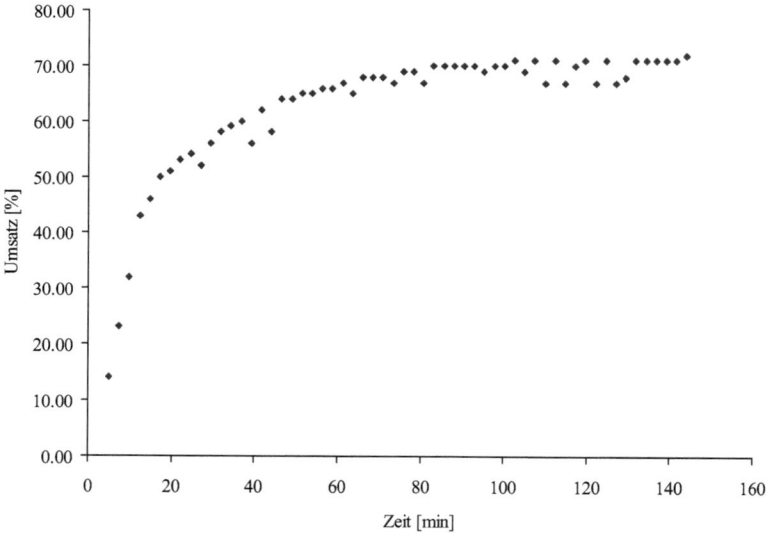

Abb. 60: online Messung der Polymerisation von Verbindung **17** (1 mol% GH2, 0.75 ml CDCl$_3$).

In Abb. 60 ist der Verlauf einer ADMET der Verbindung **17** dargestellt. Diese Reaktion wurde unter großer Verdünnung und mit relativ geringer Katalysatorkonzentration durchgeführt, um den zeitlichen Verlauf der Reaktion mit der ^{1}H-NMR-Spektroskopie besser beobachten zu können. Aufgrund dieser Bedingungen wurde lediglich ein Umsatz von 70% erreicht.

5.1.3 Auswirkung der Umlagerungsreaktion bei der ADMET-Polymerisation

Im Kapitel 3.3.4.4 (Seite 29) wurde bereits erläutert, dass bei der Olefinmetathese neben der Verknüpfung von terminalen Doppelbindungen auch eine Umlagerungsreaktion der terminalen Doppelbindung erfolgen kann. Die Umlagerung von endständigen Doppelbindungen hat bedeutende Auswirkungen auf die molekulare Struktur, der mit der ADMET dargestellten Polymere. Durch die Umlagerung und anschließende Olefinmetathese entstehen Verknüpfungen, die um CH_2-Einheiten verkürzt sind. In Abb. 61 sind die Auswirkungen der Isomerisierung bei der ADMET von 1,9-Decadien (**40**) dargestellt.[53] Durch die Isomerisierung können aus Verbindungen mit äquivalenten Doppelbindungen Diene erhalten werden, deren Doppelbindung sich voneinander unterscheiden. Wenn diese Verbindungen verknüpft werden entstehen Polymere mit unregelmäßiger Struktur.

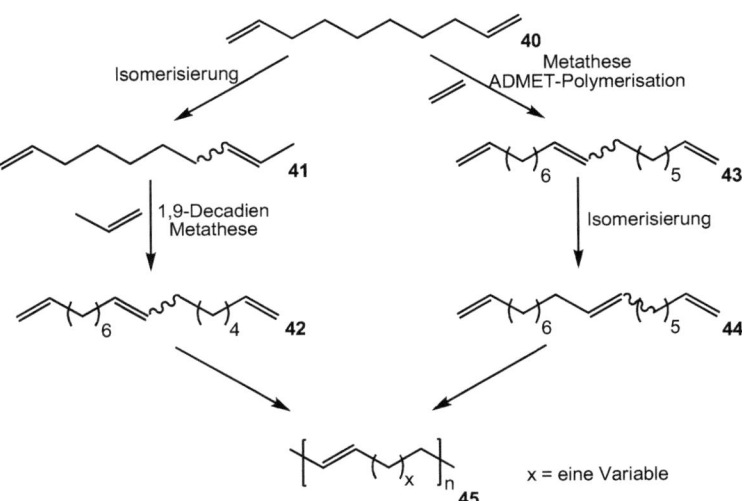

Abb. 61: Schematische Darstellung der Isomerisierung bei einer ADMET.[53]

Es entsteht bei einer Reaktion zwischen einem umgelagerten internen Olefin und einem nicht-isomerisierten endständigen Olefin eine Verknüpfung, welche um eine CH_2-Einheit verkürzt ist (linker Reaktionsweg). Des Weiteren werden bei solchen Reaktionen anstelle von Ethen, welches bei Reaktionen von zwei endständigen Dienen abgespalten wird, Olefine wie Propen als Kondensationsprodukt frei. Dadurch kommt es zu einem Masseverlust.

ADMET der dargestellten terminalen Diene

Bei der ADMET kann auch eine Isomerisierung der schon verknüpften Doppelbindungen stattfinden (rechter Reaktionsweg). In diesem Fall wird eine Doppelbindung von verknüpften Monomeren umgelagert. Dadurch variiert ebenfalls die Anzahl von CH_2-Einheiten zwischen den Doppelbindungen, jedoch ist bei diesem Prozess kein Masseverlust zu erwarten. Beide Prozesse haben zur Folge, dass unregelmäßige Polymerstrukturen erhalten werden, welche letztendlich auch Einfluss auf die makroskopischen Eigenschaften der Polymere haben können.

Aufgrund dessen wurden die Strukturen der erhaltenen Polymere teilweise einer detaillierten Analyse hinsichtlich ihrer Konstitution unterzogen. Diese konnte durch die Matrix unterstützten Laser-Desorption/Ionisation Time of Flight Spektrometrie (MALDI-ToF) oder durch den quantitativen Abbau des Polymeres und die anschließenden Analyse der erhaltenen Fragmente mittels GC und GC-MS erfolgen. Im Folgenden wird kurz auf die einzelnen Methoden eingegangen.

1. Mit der MALDI-ToF war es möglich einen detaillierten Einblick in die Molmassen der einzelnen Oligomereinheiten zu bekommen. Bei ausreichender Auflösung der Spektren war es möglich den durchschnittlichen Masseverlust für einzelne Oligomereinheiten zu bestimmen. Um Spektren mit guter Auflösung zu erhalten, musste vor allen die ausreichende Ionisierbarkeit des jeweiligen Polymers gewährleistet sein. Auch eine geeignete Matrix und ein geeignetes Matrix/Polymer/Salzlösungs-Verhältnis musste gefunden werden. Die vielen Parameter, welche Einfluss auf die Güte der Spektren haben konnten, machen die MALDI-ToF zu einer sehr anspruchsvollen Analysemethode.

2. Eine weitere Möglichkeit, um Einblicke in die Polymerstruktur zu erhalten, war der quantitative Abbau des Polymers und die anschließende GC-MS. Diese Analysemethode war vor allen bei Polymeren anwendbar, welche funktionelle Gruppen aufwiesen, an denen eine quantitative Spaltung durchgeführt werden konnte. Die erhaltenen Fragmente konnten anschließend mit der GC-MS und der GC untersucht und quantifiziert werden. Die Ergebnisse der Untersuchungen ließen Aussagen über Konstitution und Struktur der Polymere zu.

5.2 ADMET symmetrischer Diene

5.2.1 Synthese aliphatischer Polyester und Polycarbonate mit der ADMET

Die synthetisierten, aliphatischen, dienterminierten Ester und Carbonate wurden mit GH2 in Masse polymerisiert. Es konnten auf diesem Wege hochfunktionalisierte Polymere mit hohen Molmassen dargestellt werden.[70]

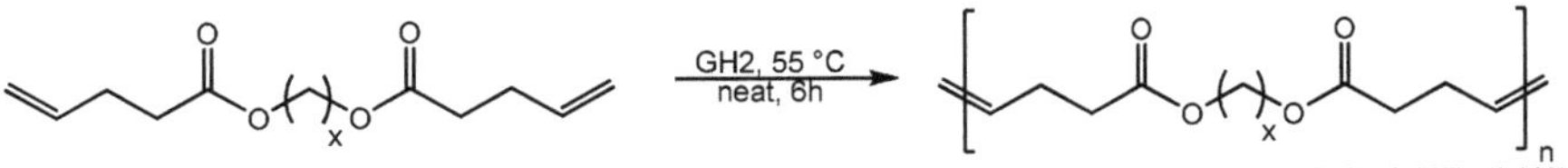

Abb. 62: Synthese aliphatischer Polyester mit der ADMET.

x = 2 (**7**), 4 (**8**), 6 (**9**)   x = 2 (**46**), 4 (**47**), 6 (**48**)

Die eingesetzten Monomere **7**, **8** und **9** besaßen jeweils äquivalente Doppelbindungen. Aufgrund der beschriebenen Nebenreaktion konnte es zu Umlagerungen und unregelmäßigen Polymerstrukturen kommen (siehe Abb. 62 / der Masseverlust ist der Übersicht halber nicht dargestellt). Die mit der ADMET synthetisierten Polymere besaßen komplexe NMR-Spektren, bei denen mehrere Protonsignale für die internen Alkenprotonen detektiert wurden. Die Vielzahl an Signalen wies auf die im großen Maße auftretende Umlagerung von Doppelbindungen und auf einen Masseverlust hin. Um zu untersuchen in welchem Maße die Prozesse einen Masseverlust verursachten, wurden anschließend detaillierte Studien am Polymer des 1,6-Hexandiol-4-pentenats (**9**) durchgeführt (siehe Kap. 5.2.2).

Durch die Vielzahl an Alkensignalen, welche sich teilweise mit den Eduktsignalen überlagerten, konnte keine Analyse mittels NMR hinsichtlich des Umsatzes und Polymerisationsgrad vorgenommen werden.

Die Polymerisation der Monomere erfolgte in Masse bei 55 °C und einer Reaktionszeit von 6 Stunden. Um möglichst hohe Molmassen bei der ADMET zu erhalten, wurden die Katalysatorkonzentration von 0.5 bis 2.0 mol% variiert.

Tab. 5: Ergebnisse der Polymerisation zu aliphatischer Polyester und Polycarbonate.

Polymer	Katalysator-konzentration [mol%]	GPC M_n [g/mol]	M_w [g/mol]	D
46	1.5	3498	6402	1.93
46	1.5	1602	3084	1.83
46	2.3	2076	3954	1.90
46	2.3	2582	4404	1.71
46	2.5	3564	6435	1.81
46	2.5	4186	7156	1.71
47	1.5	4184	8625	2.06
47	1.5	8750	16148	1.85
47	2.0	5946	10910	1.83
47	2.0	4040	8156	2.02
47	1.5	4184	8625	2.06
48	1.5	4040	8156	2.02
48	1.5	4184	8625	2.06
48	2.0	5946	10910	1.83
48	2.0	8750	16148	1.85
49	0.5	2000	3555	1.78
49	0.5	2334	5016	2.15
49	1.0	6500	12012	1.80
49	1.0	7665	13797	1.85
49	1.5	6494	12012	1.84

Die Molmassen konnten mittels Gel-Permeations-Chromatographie (GPC) ermittelt werden und sind in Tab. 5 in Abhängigkeit von der Katalysatorkonzentration dargestellt. Bei den Polymerisationen der Monomere konnten hohe Molmassen von bis zu M_w = 16000 g/mol erreicht werden. Die Polymere waren amorph und bei Raumtemperatur viskos. Bereits geringe Unterschiede im Umsatz hatten bedeutende Auswirkungen auf die Molmassen. Aufgrund dessen unterschieden sich die Molmassen, je nach Katalysatorkonzentration, stark voneinander. Es zeigte sich dabei ebenfalls, dass aus einer Erhöhung der Katalysatorkonzentration nicht immer höhere Molmassen resultieren.

ADMET der dargestellten terminalen Diene

Insgesamt war die ADMET sehr effizient um die synthetisierten Derivate, die ausgehend von Allylalkohol (**1**) synthetisiert wurden, zu polymerisieren. Auf diesem Wege konnten hochfunktionalisierte Polyester und Polycarbonate erhalten werden, die über die Doppelbindung eventuell weiteren Reaktionen, wie Quervernetzungen, zur Verfügung stehen.

5.2.2 Untersuchung der Umlagerung anhand des Polymers des 1,6-Hexandiolpent-4-enats

Bei der ADMET können generell Umlagerungen der Doppelbindung stattfinden. Durch diese Reaktion kann es wie beschrieben zum Verlust von CH_2-Einheiten kommen (siehe Kap. 5.1.3; Seite 67).[70] Um die auftretende Umlagerung und vor allem eventuellen Masseverlusten bei der Polymerisation symmetrischer dienterminierter Verbindungen zu untersuchen, wurden detaillierte Studien am Polyester **48** durchgeführt. Der synthetisierte Polyester **48** konnte mit einer säurekatalysierten Umesterung in Methanol quantitativ abgebaut werden.[57] Die erhaltenen Fragmente konnten anschließend mittels GC analysiert werden (siehe Abb. 63).

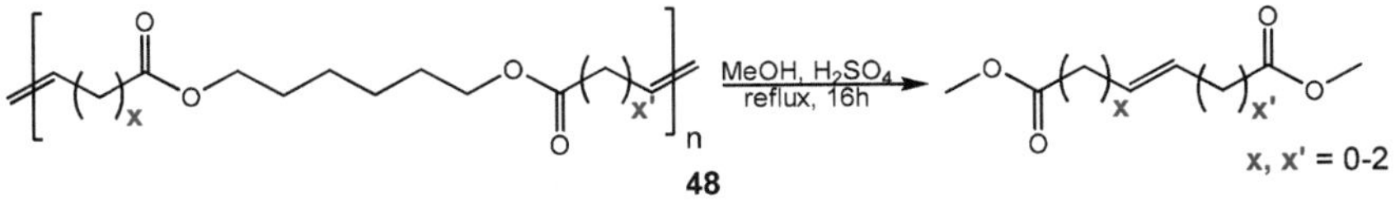

Abb. 63: Säurekatalysierte Umesterung des Polyesters (**48**) mit Methanol.

Wenn ein Masseverlust bei der ADMET aufgetreten war, waren auch die erhaltenen Fragmente der Dimethoxycarbonsäureester um die entsprechenden CH_2-Gruppen verkürzt. Das erhaltene Gemisch aus verschiedenen Fragmenten wurde mithilfe von GC und GC-MS analysiert. Das erhaltene GC-MS Spektrum der umgeesterten Produkte ist in Abb. 64 dargestellt, wobei über den Signalen die jeweiligen Verbindungen gezeigt sind. Durch die gewählten Parameter gelang es die Fraktionen effektiv voneinander zu trennen und die jeweiligen Signale den zugehörigen Fragmenten zuzuordnen. Die erhaltenen Massenspektren der einzelnen Fraktion sind im Experimentalteil dieser Arbeit dargestellt (siehe Kap. 8.5.4; Seite 130).

ADMET der dargestellten terminalen Diene

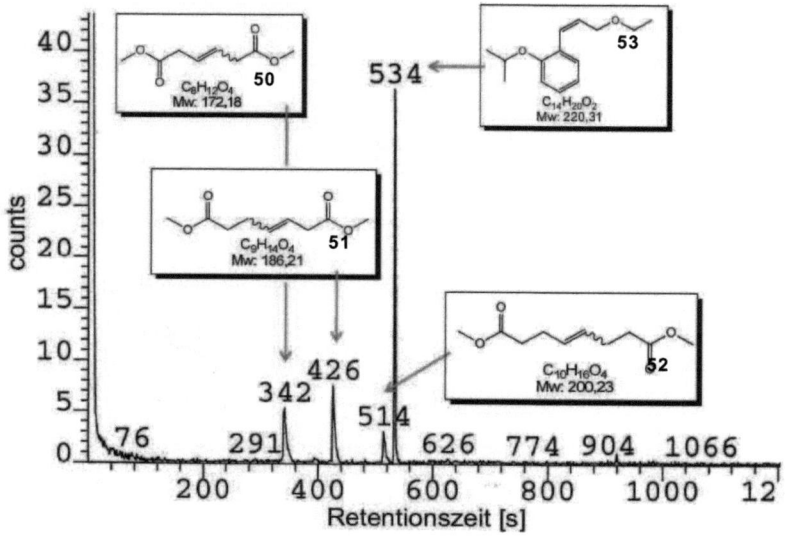

Abb. 64: Erhaltenes GC-MS Spektrum des umgeesterten Polymers **48** (Mn = 8750 g/mol; Mw = 16148 g/mol).

Neben den Fraktionen der Diester wurde ein Signal eines Abbauproduktes des Katalysators erhalten. Aufgrund der besseren Ionisierbarkeit des Katalysatorabbauproduktes **53** verglichen mit den Dimethoxycarbonsäureester, ist diese Spezies in Abb. 64 überrepräsentiert. Bei der GC-MS wurde über die Menge der Ionen, die detektiert wurden, integriert. Bei Gemischen, bei denen sich die unterschiedlichen Komponenten unterschiedlich gut ionisieren lassen, kann mit dieser Detektionsmethode keine quantitative Analyse durchgeführt werden.

Um eine quantitative Analyse der einzelnen Fraktionen vorzunehmen wurde deshalb eine GC-Trennung und Detektion mit einem FID durchgeführt. Die daraus erhaltenen Massenverhältnisse der einzelnen Fraktionen wurden in die entsprechenden Moläquivalente umgerechnet. In der Abb. 65 ist die Quantifizierung der detektierten Fraktionen in Abhängigkeit zum CH_2-Verlust dargestellt.

ADMET der dargestellten terminalen Diene

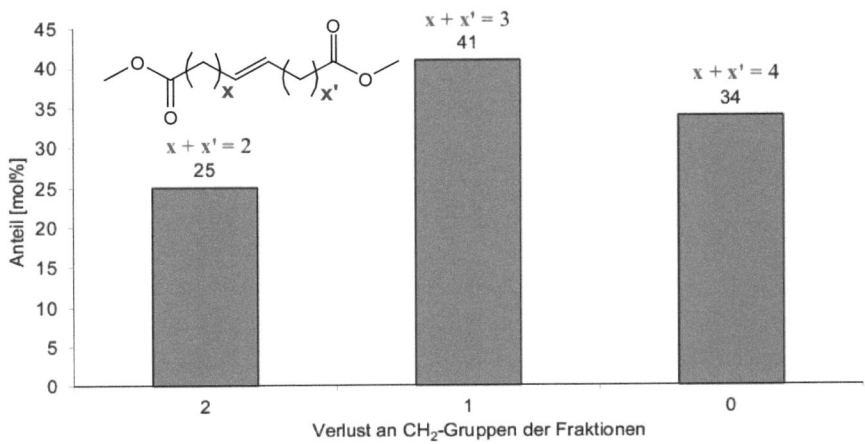

Abb. 65: Anteil der erhaltenen umgeesterten Fraktionen.

Die Untersuchungen zeigten, dass der Masseverlust, während der ADMET ein häufig auftretender Prozess war. Die Fraktion des umgeesterten Produktes, welches keinen Masseverlust aufwies, hatte lediglich einen Anteil von 34%, während 41% der Fragmente einen Masseverlust von einer CH_2-Gruppe und 25% sogar einen Masseverlust von zwei CH_2-Einheiten aufwiesen. Aus diesen Ergebnissen ergibt sich ein durchschnittlicher Masseverlust von 0.9 CH_2-Einheiten pro verknüpfte Doppelbindung.

Es wurde deutlich, dass die Umlagerungsreaktion häufig auftritt und somit einen erheblichen Einfluss auf die Polymerstruktur hatte. Aufgrund dessen wurde bei diesen Monomeren eine relativ unregelmäßige Polymerstruktur erhalten. Solche unregelmäßigen Strukturen können teilweise erwünscht sein, um Polymere zu erhalten, welche auch bei tieferen Temperaturen niedrigere Viskositäten aufweisen. Für einige Anwendungen ist dieses Verhalten jedoch unerwünscht. Aus diesem Grund wurden Experimente durchgeführt, bei denen die Umlagerung durch geeignete Reagenzien unterbunden werden sollte.

5.2.3 Untersuchungen zur Unterdrückung der Umlagerungsreaktion mit geeigneten Reagenzien

Es wurde untersucht, ob die Umlagerung mit Reagenzien, wie Benzochinon oder Essigsäure, verhindert werden konnte. Durch den Zusatz dieser Chemikalien könne nach M. A. R. MEIER die Umlagerung von Doppelbindungen bei der Olefinmetathese verhindert werden.[57] Auch die

Aktivität der Metathesekatalysatoren steige beim Zusatz dieser Reagenzien. Deshalb wurden die Polymerisationen mit 1-10 mol% des entsprechenden Reagenz versetzt und wie im vorherigen Kapitel beschrieben polymerisiert.

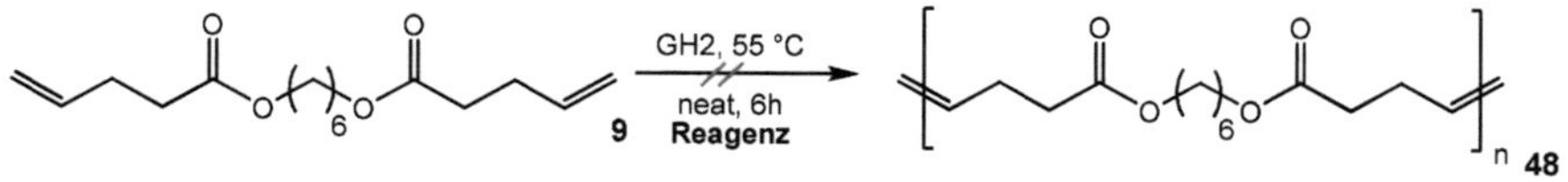

Abb. 66: ADMET von 1,6-Hexandiolpent-4-enat (**9**) mit zusätzlichen Reagenzien.

Die Steigerung der Katalysatoraktivität bei Zugabe der Reagenzien, die in der Literatur beschrieben wurde, konnte nicht beobachtet werden. Die Zugabe der Reagenzien hatte mit einer deutlichen Senkung der Katalysatoraktivität den gegenteiligen Effekt zur Folge. Es wurden Umsätze von lediglich bis zu 60% erhalten. Bei Umsätzen in dieser Größenordnung ist die Polymersynthese über eine Stufenwachstumsreaktion unmöglich. Eine Erhöhung des jeweiligen Additivanteils hatte eine weitere Verringerung des Umsatzes und des Polymerisationsgrades zur Folge. Aufgrund der Inhibierung der Katalysatoraktivität war der Zusatz dieser Additive bei der ADMET zur Unterdrückung der Nebenreaktion nicht zielführend und wurde deshalb nicht weiter verfolgt.[66]

5.2.4 Polymerisation von aromatischen Estern und Urethanen mit der ADMET

Aromatische Polyester und Polyurethane sind Kunststoffe, die breite Anwendung finden. Die dargestellten dienterminierten aromatischen Ester und Urethane konnten mit der ADMET zu Polymeren mit teils hohen Molmassen polymerisiert werden. Bei den Polymerisationen wurde, im Unterschied zu aliphatischen Monomeren, Chloroform ($CHCl_3$) als Lösungsmittel verwendet.

Bei der ADMET von aromatischen Estern bildete sich bei der Massepolymerisation bereits nach geringem Umsatz ein festes Reaktionsgemisch aus. Dadurch konnte die ADMET nicht weiter stattfinden und es wurden bei dieser Reaktionsführung lediglich Oligomere erhalten. Auch durch die Erhöhung der Reaktionstemperatur auf 100 °C, konnten die Reaktionsgemische nicht erneut in eine Schmelze überführt werden.

Bei den Urethanmonomeren **12** und **13** handelte es sich um Feststoffe, welche einen Schmelzpunkt von über 100 °C aufwiesen. Aufgrund dessen war auch bei diesen Monomeren die Massepolymerisation nicht möglich.

Tab. 6: Ergebnisse der Polymerisationen aromatischer Ester und Urethane.

Polymer	Katalysatorkonzentration [mol%]	GPC Mn [g/mol]	GPC Mw [g/mol]	D	NMR Mn [g/mol]	P
54	1.0	2085	3528	1.69	1734	6
	1.0	1664	2950	1.77	1429	5
	1.5	8636	14923	1.73	-[a)]	-[a)]
	1.5	7241	12251	1.69	-[a)]	-[a)]
55	1.0	2480	6206	2.5	2444	9
	1.0	3196	6381	2.00	2546	9
	2.0	14043	20413	1.45	-[a)]	-[a)]
	2.0	10132	15167	1.50	-[a)]	-[a)]
56	1.5	5281	10862	2.06	-[a)]	-[a)]
	2.0	6103	12806	2.10	-[a)]	-[a)]
	2.0	5064	9623	1.90	-[a)]	-[a)]
	2.5	5729	11005	1.92	-[a)]	-[a)]
	2.5	6356	12186	1.92	-[a)]	-[a)]
57	Analyse mit den zu Verfügung stehenden Mitteln nicht möglich					

[a)] Es wurden keine Eduktsignale mehr detektiert, so dass eine genaue Quantifizierung des Polymerisationsgrades mit der NMR-Spektroskopie nicht möglich war. Jedoch kann von einem hohen Umsatz ausgegangen werden.

In Tab. 6 sind die Molmassen und der Polymerisationsgrad (P) in Abhängigkeit zur Katalysatorkonzentration dargestellt. Bei der Polymerisation der Monomere konnten hohe Molmassen von Mw = 12000-20000 g/mol erreicht werden. Die Auswertung mittels NMR gestaltete sich vor allen bei hohen Polymerisationsgraden als schwierig, weil die Intensitäten der Eduktsignale sehr gering wurden und der statistische Fehler deshalb relativ groß war.

Nach der Polymerisation wurden die Produkte untersucht und der Frage nachgegangen in welchem Maße Umlagerungen der olefinischen Gruppen stattgefunden hatten. Zunächst wurde der aromatische Isophthalpolyester und das aromatische Polyurethan mit der MALDI-ToF untersucht. Mit dieser Methode konnten die Umlagerungsreaktionen, insoweit sie einen Masseverlust zur Folge hatten, untersucht werden (siehe Kap. 5.2.6).

Bei der Polymerisation von Dipent-4-enylhexan-1,6-diylcarbamat (**13**) konnte das erhaltene Polymer nicht mit den zu Verfügung stehenden Mitteln auf seine Molmasse untersucht werden. Das

Polymer blieb während der Polymerisation auch nach sechs Stunden bei 60 °C in Lösung. Als die Lösung jedoch auf Raumtemperatur abgekühlt wurde, fiel das Polymer aus. Das ausgefallene Polymer konnte aufgrund seiner geringen Löslichkeit in CHCl$_3$ bei RT und Trichlorbenzol bei bis zu 180 °C nicht mit den zur Verfügung stehenden Mitteln (RT-GPC und HT-GPC bei 180 °C) untersucht werden. Auch eine Analyse mittels NMR bei 55 °C lieferte keine validen Ergebnisse bezüglich der Molmassen.

5.2.5 Synthese von ungesättigten Polyamiden mit der ADMET-Polymerisation

Die Polymerisationen der Amidmonomere waren nicht erfolgreich, weil sich bereits nach kurzen Reaktionszeiten Oligomere bildeten, die auch bei erhöhten Temperaturen in gängigen organischen Lösungsmitteln unlöslich waren. Durch die Unlöslichkeit der Oligomere konnten keine hohen Molmassen erzielt werden. In Abb. 67 ist der Versuch der Polymerisation von aliphatischen Polyamiden dargestellt.

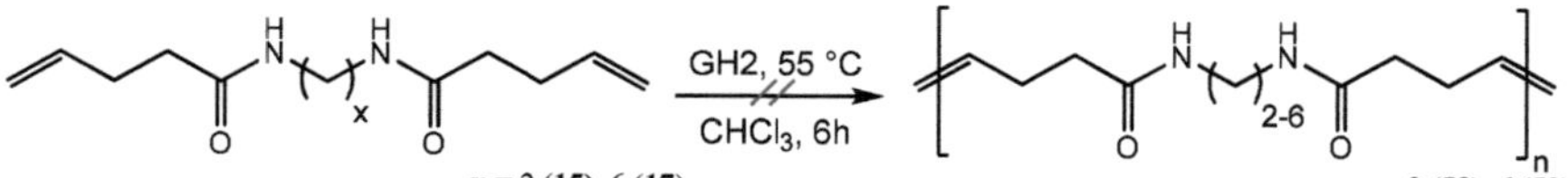

Abb. 67: Polymerisation von aliphatischen dienterminierten Amiden.

In der Abb. 68 ist der Versuch der Polymerisation von Verbindung **14** dargestellt.

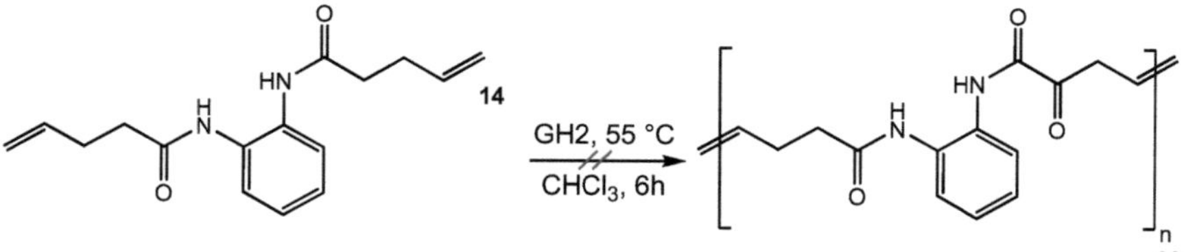

Abb. 68: Versuch der Polymerisation von Verbindung **14**.

Aufgrund der Unlöslichkeit der Reaktionsprodukte konnten keine Analysen bezüglich der Molmasse und des Polymerisationsgrades des Reaktionsproduktes vorgenommen werden. Insgesamt war die Synthese von Polyamiden auf dem untersuchten Reaktionspfad nicht möglich und wurde deshalb nicht weiter verfolgt.

5.2.6 Untersuchung der Polymerstruktur mittels MALDI-ToF vom Polymer des Dipent-4-enylisophtalsäurediesters

In diesem Abschnitt wird detailliert auf die Analyse des Polymers des Dipent-4-enylisophtalsäurediesters (**11**) eingegangen. Diese Verbindung wurde detailliert untersucht, um erneut den Masseverlust, der bei der ADMET auftreten kann zu untersuchen. Die MALDI-ToF ist vor allen bei Derivaten, welche sich gut ionisieren lassen und Ladungen stabilisieren können, eine sehr leistungsfähige Analysemethode. Aufgrund dessen wurde sie gewählt, um detaillierte Analysen an aromatischen Polymeren durchzuführen.

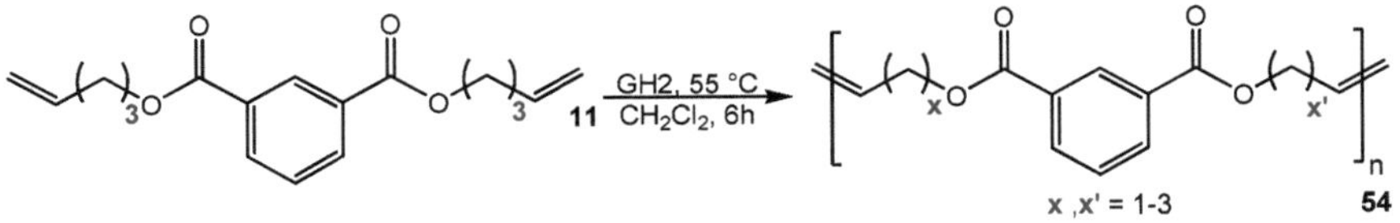

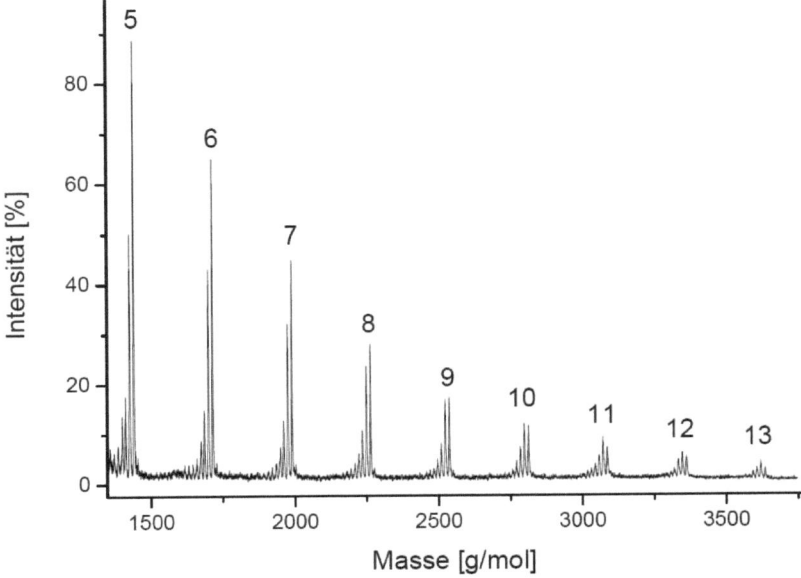

Abb. 69: ADMET-Polymerisation von Dipent-4-enylisophtalsäurediester (**11**).

In Abb. 69 ist die Polymerisation des aromatischen Esters **11** und die Polymerstruktur mit eventuellem Masseverlust dargestellt.

Abb. 70: MALDI-ToF Spektrum des erhaltenen Polymers **54**; M_w = 14923 g/mol (die Zahl über den Signalen ist der jeweilige Polymerisationsgrad der detektierten Oligomere).

Es wurden eine Vielzahl von Matrizes und Probenpräparationen untersucht. Die am besten aufgelösten Spektren wurden mit 2,5-Dihydroxibenzoesäure (DHB) als Matrix und Kaliumchlorid als Elektrolyt erhalten.[87] In Abb. 70 ist das erhaltene Spektrum dargestellt. Der jeweilige Polymerisationsgrad des Oligomers ist über den Signalen dargestellt.

Mit den hochaufgelösten Massenspektren der Oligomere konnte der durchschnittliche Verlust der CH_2-Gruppen für die einzelnen Oligomereinheiten mit Polymerisationsgrad von 5-13 bestimmt werden.

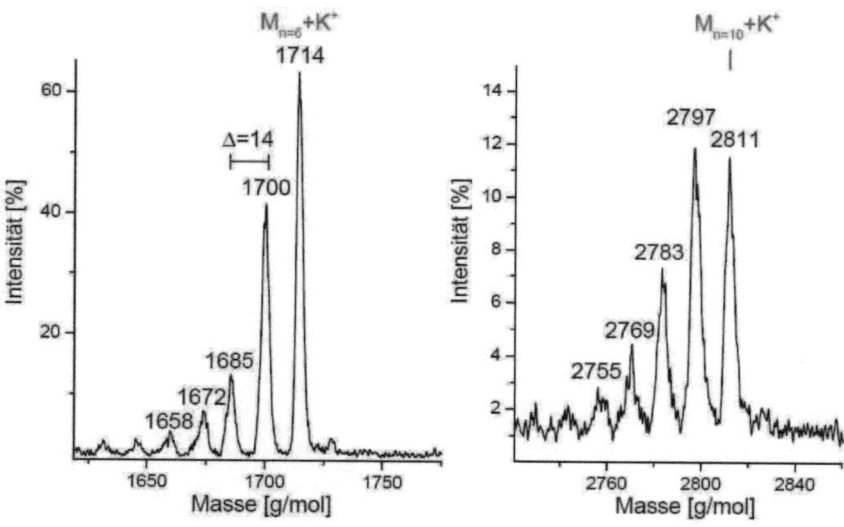

Abb. 71: Vergleich der Oligomere mit Polymerisationsgrad 6 (links) und Polymerisationsgrad 10 (rechts).

Aufgrund der Probenpräparation wurden Signale der Quasi-Molekülionen [M_n+K^+] erhalten (siehe Abb. 71). Es ist zu erkennen, dass die Signale der Oligomere eine zweite Verteilung mit dem Abstand von 14 g/mol aufweisen, welche durch den Masseverlust von einer oder mehrerer CH_2-Gruppen verursacht wird. Beim Vergleich der Oligomere mit dem Polymerisationsgrad 6 und 10 ist zu erkennen, dass sich die Verteilung der einzelnen Signale verändert. Mit zunehmenden Polymerisationsgrad war die Verteilung innerhalb eines Oligomersignals zu kleineren Molmassen verschoben. Das Signal des Quasi-Molekülions wurde im Verhältnis geringer, während die Signale der Oligomere, welche einen Masseverlust von CH_2-Gruppen aufweisen, anstiegen.

Um diesen Verlust an CH_2-Gruppen quantifizieren zu können, wurden die Signale im Spektrum numerisch integriert. Anschließend wurde bestimmt, wie viele CH_2-Gruppen im Durchschnitt jeweils pro Oligomer verloren gingen. In Abb. 72 ist der Verlust an CH_2-Gruppen im Bereich vom Polymerisationsgrad 5-13 dargestellt. Der Verlust an CH_2-Gruppen in dem beobachteten Bereich stieg nahezu linear an. Bei einer Zunahme des Polymerisationsgrades war ein zusätzlicher Masseverlust von einer oder mehrerer CH_2-Gruppen wahrscheinlicher, weil die Anzahl der Verknüpfungen und damit auch die Chance einer oder mehrerer Abspaltungen von CH_2-Gruppen zunahmen.

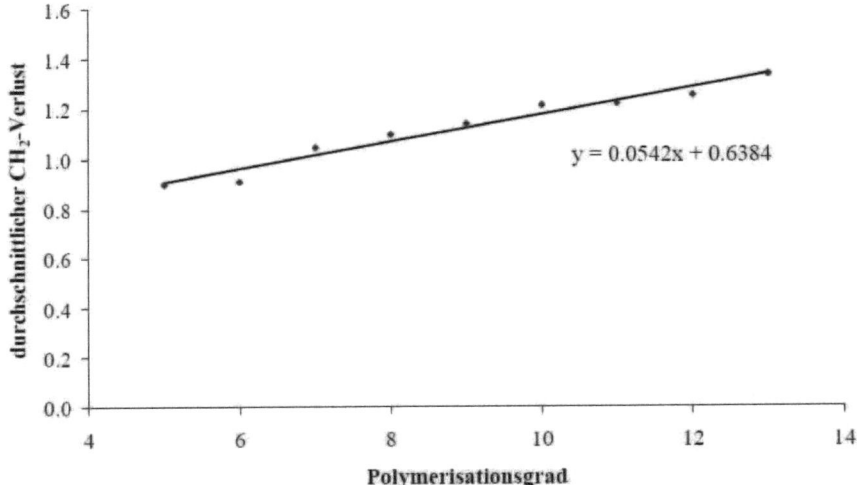

Abb. 72: Auftragung des durchschnittlichen Verlustes an CH_2-Gruppen im Verhältnis zum Polymerisationsgrad.

Die Steigung ist relativ flach, was verdeutlicht, dass unter den Reaktionsbedingungen die Propagierung also die Verknüpfung zweier Monomere deutlich häufiger stattfindet als die Prozesse, welche letztlich den Verlust einer CH_2-Gruppe verursachen. Wenn der Graph, welcher den Verlauf des Verlustes im beobachteten Bereich beschreibt, linear extrapoliert würde, würde ein Y-Achsenabschnitt erhalten werden. Es ist deshalb zu vermuten, dass bei geringeren Polymerisationsgraden die lineare Abhängigkeit zwischen Polymerisationsgrad und Masseverlust nicht zu beobachten sein könnte. Der erhaltene Achsenabschnitt der ermittelten Gerade ist ein Indiz dafür, dass die Prozesse, die zum Masseverlust führen sehr komplex sein müssen. In Studien, in denen der Focus der Betrachtung auch auf Dimere und die genaue Konstitution der Monomere im Reaktionsgemisch (umgelagerte oder nicht umgelagerte Doppelbindung) gelegt wird, könnten vielleicht weitere Einblicke in diese komplexen Prozesse liefern.

Insgesamt war die MALDI-ToF gut geeignet, um die Polymerstruktur zu untersuchen und erste Aussagen über den auftretenden Masseverlust in Abhängigkeit zum Polymerisationsgrad zu treffen.

5.2.7 Untersuchung der Polymerstruktur mittels MALDI-ToF-Spektrometrie vom Polymer des Dipent-4-enyl-4-methyl-1,3-phenylendicarbamats

Das Polymer **54** konnte mit der MALDI-ToF Spektrometrie untersucht werden. Dabei konnten neben den Signalen der Oligomere auch Signale von einer Katalysator Oligomerspezies detektiert werden (siehe Abb. 73).

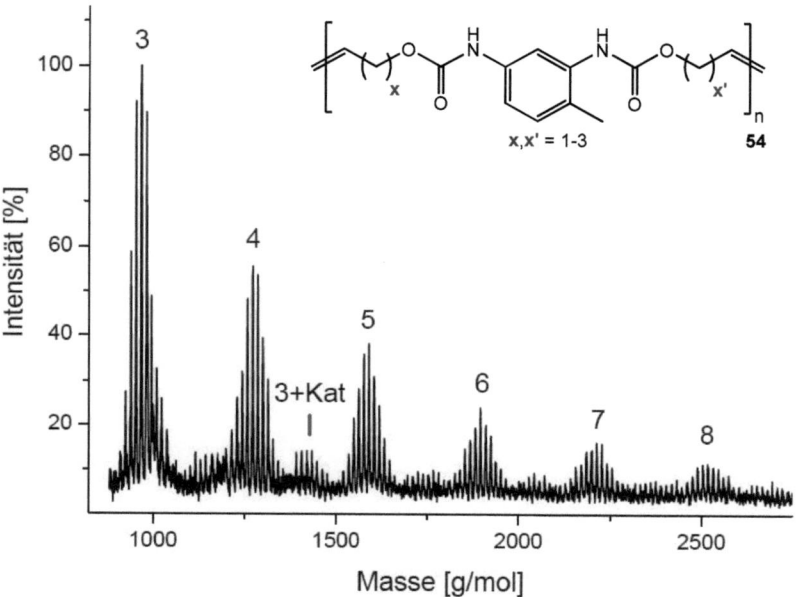

Abb. 73: MALDI-ToF Spektrum des erhaltenen Polymers **54**; Mw = 12806 g/mol.

Bei der MALDI-ToF-Spektrometrie wurden neben den Signalen der Oligomere [M_n+K^+] auch Signale einer Katalysator-Oligomerspezies (**61**) detektiert. Die Oligomere sind wahrscheinlich aufgrund des freien Elektronenpaars am Sauerstoff in der Lage relativ stabile Substrat-Katalysatorkomplexe zu bilden (siehe Abb. 74).[90,88]

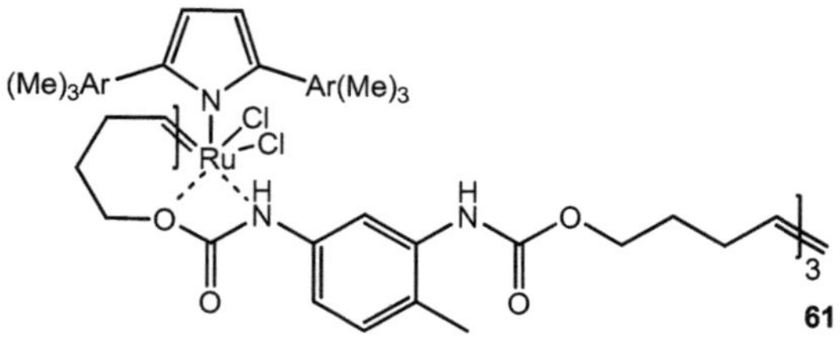

Abb. 74: Katalysator-Oligomerspezies, welche vermutlich mit der MALDI-ToF detektiert wurde.

Die Verteilung innerhalb eines Oligomersignales, welche durch den Masseverlust entsteht, war verglichen mit der Verteilung des Isophthalsäurepolymers **54** wesentlich breiter (siehe Abb. 70; Seite 77). Es ist deshalb davon auszugehen, dass bei den durchgeführten Polymerisationen des Urethans **12** der Masseverlust häufiger auftritt. Neben den Signalen mit geringeren Molmassen wurden auch Signale detektiert, die größere Molmassen als nichtumgelagerte Produkte besaßen. Diese könnten gebildet werden, indem sich bei der ADMET im Lösungsmittel gelöste Alkene, wie Propen oder Buten, terminal mit einem Oligomer verknüpft wurden.

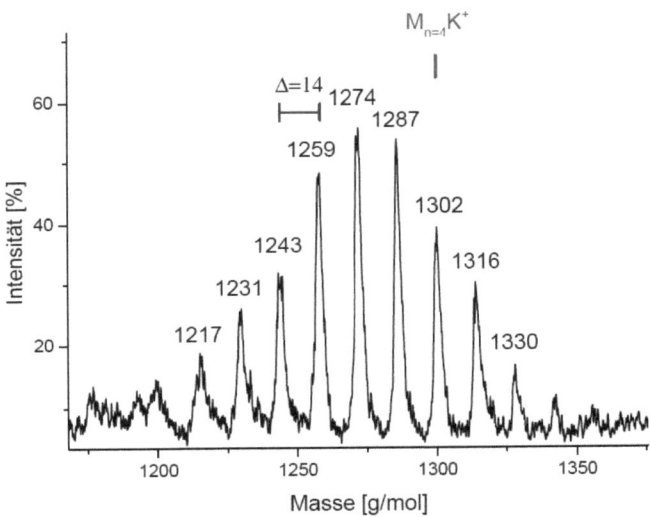

Abb. 75: Oligomer mit dem Polymerisationsgrad vier.

In Abb. 75 und Abb. 76 sind jeweils die Signale der Oligomere mit Polymerisationsgrad vier bzw. sechs dargestellt. Es ist beim Vergleich der Signale zu erkennen, dass das Maximum der einzelnen Signale relativ zum Molekülion mit zunehmenden Polymerisationsgrad weiter zu kleineren Molmassen verschoben war.

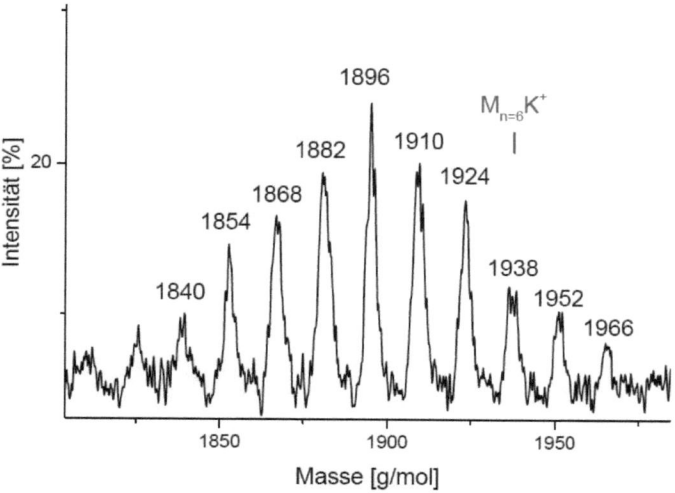

Abb. 76: Oligomer mit dem Polymerisationsgrad sechs.

Die Quantifizierung der Umlagerung gestaltete sich als schwierig, weil das Signal-Rausch Verhältnis ungünstig war und die Signale der Katalysator-Oligomerspezies (**61**) sich ebenfalls mit den Signalen der Oligomere überlagerten. Eine Integration der einzelnen Signale und die quantitative Auswertung waren aufgrund dessen nicht möglich.

5.3 ADMET nicht symmetrischer Diene

Bei der ADMET von Derivaten mit nicht äquivalenten Doppelbindungen können, verglichen mit Dienen mit äquivalenten Doppelbindungen, noch weitaus komplexere Polymerstrukturen entstehen. Neben der Umlagerungsreaktion, die parallel zur Propagierung stattfindet, kann die Verknüpfung der Monomere auf unterschiedliche Weise erfolgen. Es sind Kopf-Schwanz, Kopf-Kopf und Schwanz-Schwanz Verknüpfungen möglich. Bei gleicher Reaktivität der Doppelbindungen sollte die Verknüpfung erwartungsgemäß rein statistisch erfolgen. Wenn jedoch die Reaktivität der Doppelbindungen durch Nachbargruppen beeinflusst wird, könnte eine Verknüpfungsart bevorzugt sein. In diesem Fall könnte die Verknüpfung der Monomere regioselektiv erfolgen. Im folgenden Abschnitt wird auf die Polymerisation von Acrylsäure-4-pentenylester (**6**) und 4-Pentensäure-4-pentenylester (**2**) eingegangen. Im Anschluss daran werden die detaillierten Analysen der Polymere, die durch die methanolische Umesterung und Analyse mittels GC und GC-MS durchgeführt wurden, erläutert.

5.3.1.1 ADMET von Acrylsäure-4-pentenylester und 4-Pentensäure-4-pentenylester

Die Polymerisation der Monomere erfolgte in Masse bei einer Reaktionstemperatur von 55 °C. Die Reaktionszeit betrug 6 Stunden. Eine Bestimmung des Polymerisationsgrades des Polymers der Acrylsäure-4-pentenylester (**6**) wurde sowohl mit der GPC als auch mittels NMR durchgeführt. Beim Vergleich, der aus den beiden Methoden ermittelten Ergebnisse, wurde deutlich, dass die zahlenmittleren Molmassen, welche mittels NMR bestimmt wurden, höher waren als die Werte der GPC. Bei der Bestimmung mittels NMR wird ein direkter Zusammenhang aus dem Umsatz und dem Polymerisationsgrad gezogen. Dabei bleiben Reaktionen eventuell unberücksichtigt, welche zum „Verbrauch" des Monomers führen aber keine höheren Molmassen zur Folge haben.
Ein weiterer deutlicher Unterschied der Methoden ist, dass bei der GPC-Bestimmung immer gegenüber einem Standard (Polystyrolstandard) gemessen wird. Implizit wird dabei angenommen, dass sich das Elutionsverhalten des Analyten und das des Standards kaum voneinander unterscheiden. Aufgrund dessen müssen beide Molmassenbestimmungs-methoden kritisch betrachtet werden, weil keine die absolut richtigen Ergebnisse liefert.[70]

ADMET der dargestellten terminalen Diene

Tab. 7: Ergebnisse der Polymerisation von Acrylsäure-4-pentenylester (**6**) und 4-Pentensäure-4-pentenylester (**2**).

eingesetztes Monomer	Katalysator-konzentration [mol%]	GPC Mn [g/mol]	GPC Mw [g/mol]	D	NMR Mn [g/mol]	P
6	1.5	3923	7877	2.01	6616	59
	2.0	3391	6355	1.87	4365	39
	2.0	3827	7560	1.98	6818	61
	2.5	2892	6612	2.29	6431	57
	2.5	2597	5386	2.07	4073	36
2	1.0	1946	3690	1.90	*	*
	1.6	3290	6889	2.09	*	*
	1.6	2621	5004	1.91	*	*
	2.0	2271	4361	1.92	*	*
	2.5	3048	5451	1.79	*	*
	2.5	4119	7386	1.79	*	*

* Die Auswertung mittels NMR war aufgrund von Überlagerung von Edukt- und Produktsignalen nicht möglich.

In Tab. 7 sind die mittleren Molmassen der Polymerisationen bei unterschiedlicher Katalysatorkonzentration dargestellt. Bei dem 4-Pentensäure-4-pentenylester (**2**) konnte mittels NMR keine Bestimmung des Polymerisationsgrades durchgeführt werden, weil sich einige Produktsignale mit Eduktsignalen überlagerten. Mit der ADMET der Monomere konnten hohe Molmassen von bis zu Mw = 8000 g/mol erreicht werden. Auch bei diesen Polymerisationen war zu beobachten, dass aus größeren Katalysatorkonzentrationen nicht zwingend höhere Molmassen erhalten werden. Bei der Polymerisation von Acrylsäure-4-pentenylester (**6**) wurden bereits bei Katalysatorkonzentrationen von 1.5 mol% Molmassen von ca. Mw = 8000 g/mol erreicht. Eine weitere Erhöhung der Katalysatorkonzentration hatte keine höheren Molmassen zur Folge.

5.3.2 Untersuchung der Verknüpfung von Acrylsäure-4-pentenylester

Bei der Polymerisation von Acrylsäure-4-pentenylester (**6**) sind formal gesehen mehrere Arten der Verknüpfung möglich. Dabei ist zu beachten, dass sich die Reaktivitäten der Doppelbindungen im Dien deutlich voneinander unterscheiden. Eine Doppelbindung ist in Konjugation mit einem Carbonyl und deshalb verglichen mit der zweiten Doppelbindung elektronenarm. Dieser Unterschied hat deutlichen Einfluss auf die Konstitution des erhaltenen Polymers. Bei der

ADMET der dargestellten terminalen Diene

Polymerisation des Acrylsäure-4-pentenylesters (**6**) wurde in der Hauptsache nur die Kopf-Schwanz Verknüpfung erhalten. Die Verknüpfung der Monomere erfolgte regioselektiv. Im Folgenden werden die Experimente erläutert, die zu diesem Ergebnis führten.

Es konnten sich formal aufgrund der nicht äquivalenten Doppelbindungen des Monomers theoretisch drei olefinische Verknüpfungen bilden (siehe Abb. 77).

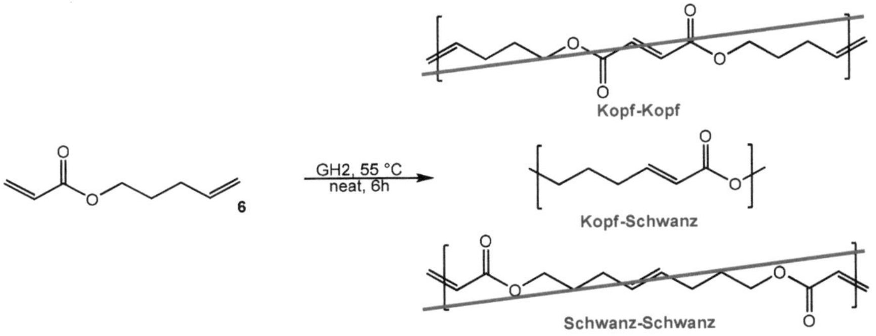

Abb. 77: Die möglichen Verknüpfungen bei der Polymerisation von Acrylsäure-4-pentenylester.

Um die Verknüpfung zu untersuchen wurde eine methanolische Umesterung der Polymere durchgeführt. Anschließend wurden die umgeesterten Produkte per GC untersucht (siehe Abb. 78). Dabei wurde eine Hauptfraktion mit über 93 gew% beobachtet und zusätzlich nur einige Signale mit wesentlich geringeren Intensitäten. Die Hauptfraktion konnte eindeutig identifiziert werden. Signale mit geringeren Intensitäten, welche einen Gesamtanteil von 7 gew% hatten, konnten dagegen nicht eindeutig mit den zur Verfügung stehenden Mitteln (GC-MS und NMR) identifiziert werden.

Die Analyse mittels GC-MS ergab, dass es sich bei der Hauptfraktion um das Spaltprodukt **62** handelte, welches bei der Kopf-Schwanz Verknüpfung entsteht (siehe Abb. 78). Die ADMET des Acrylsäure-4-pentenylesters (**6**) erfolgte demnach regioselektiv. Eine ähnliche Selektivität wurde bereits bei der Cyclisierung des Derivates **6** (siehe Kap 4.2; Seite 53) beobachtet. Eine weitere wichtige Schlussfolgerung, welche sich aus den Experimenten ergab, war, dass bei der ADMET ein Masseverlust kaum zu beobachten war. In diesen Fall würden ebenfalls mehrere Fraktionen im Spektrum der GC zu beobachten sein.

ADMET der dargestellten terminalen Diene

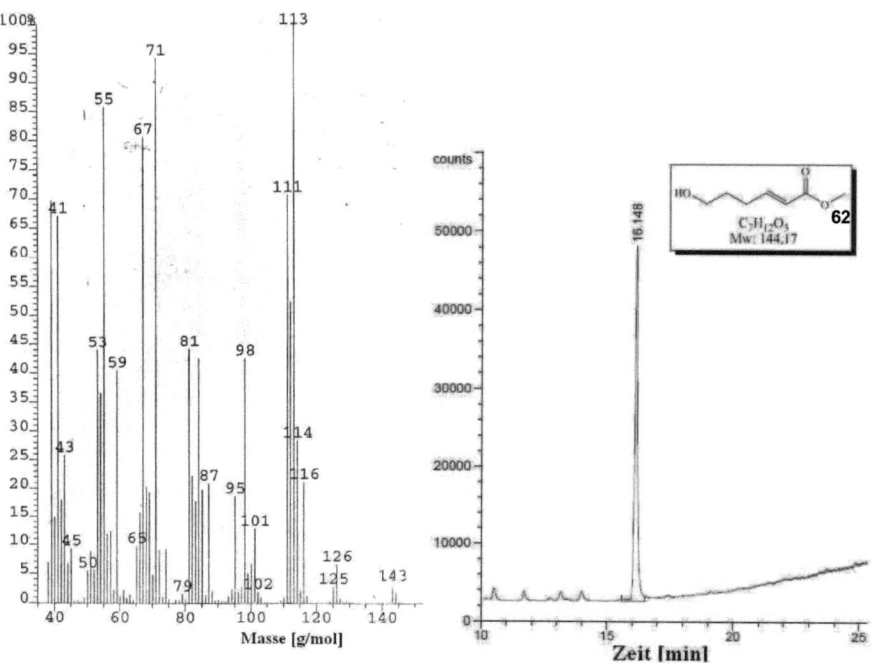

Abb. 78: GC-MS-Spektrum der Abbauprodukte des Polyesters nach der methanolischen Umesterung.

Bei einigen Untersuchungen von R. H. GRUBBS und M. A. R. MEIER, welche sich mit der RCM von Derivaten mit unterschiedlich reaktiven Doppelbindungen beschäftigten, konnte eine ähnliche bevorzugte Verknüpfung beobachtet werden.[51,89] Es ist dabei bis heute nicht abschließend geklärt, weshalb sich bei der Olefinmetathese diese regioselektive Verknüpfung von elektronenarmen Doppelbindungen mit elektronenreichen Doppelbindungen ausbildet. Jedoch wurde auch die Vermutung aufgestellt, dass elektronische Effekte für diese bevorzugte Verknüpfung verantwortlich sind. Durch die regioselektive Verknüpfung wurde ein Polymer erhalten, bei dem der überwiegende Teil der Doppelbindungen jeweils in Konjugation zu einer Carbonylfunktion war. Diese Tatsache kann deutlichen Einfluss auf spätere Anwendungsgebiete haben, weil deshalb beispielsweise alle Doppelbindungen im Polymer gleich reaktiv im Bezug auf radikalische Folgereaktionen sind. Bei einem rein statistischen Polymeraufbau würden dagegen unterschiedlich reaktive Doppelbindungen erhalten werden.

5.3.3 Untersuchung der Polymerstruktur vom Polymer des 4-Pentensäure-4-pentenylesters

Bei der Polymerisation von 4-Pentensäure-4-pentenylester (**2**) kann die Verknüpfung des Monomers ebenfalls auf unterschiedliche Weise erfolgen. Anders als beim Acrylsäure-4-pentenylester (**6**) unterscheiden sich die Reaktivitäten der Doppelbindungen kaum voneinander. Deshalb lag es nahe, dass die Verknüpfung statistisch erfolgte.

Neben den unterschiedlichen Verknüpfungen, konnte auch ein Masseverlust um eine oder mehrere CH_2-Einheiten erfolgen (siehe Abb. 79). Aus beiden Prozessen, die parallel mit der ADMET abliefen, resultierte wahrscheinlich eine sehr uneinheitliche Polymerstruktur, die auch im NMR-Spektrum durch die Vielzahl an Signalen der Alkenprotonen sichtbar war.

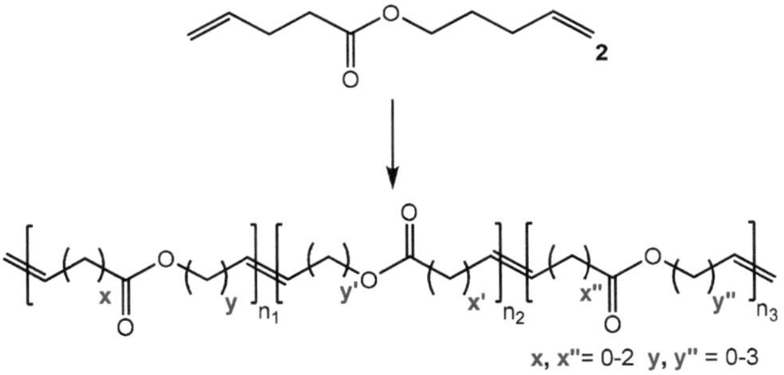

Abb. 79: ADMET von 4-Pentensäure-4-pentenylester (**2**).

Bei der säurekatalysierten Umesterung in Methanol und der anschließenden Analyse mittels GC und GC-MS wurden Chromatogramme mit einer Vielzahl von verschiedenen Fraktionen erhalten. Viele Fraktionen konnten keiner Spezies eindeutig zugeordnet werden. Aufgrund dessen war eine Quantifizierung und Aufklärung der genauen Polymerstruktur nicht möglich. Jedoch ist anzumerken, dass alleine die Vielzahl an Fraktionen bei der GC ein Indiz dafür waren, dass sich durch die Umlagerung und den Masseverlust eine sehr uneinheitliche Polymerstruktur ergab.

5.4 ADMET von Dienen mit allylischen Doppelbindungen

Es wurde Allylalkohol (**1**) bzw. Allylamin verwendet, um terminale Diene mit allylischen Doppelbindungen zu synthetisieren. Im Anschluss wurde untersucht, ob die dargestellten Verbindungen mittels ADMET polymerisierbar waren. Die Untersuchungen ergaben, dass die ADMET dieser Derivate keine Polymere lieferte.

Bei Acetondiallylacetal (**22**), welches durch die Dimerisierung von Allylalkohol (**1**) synthetisiert wurde, bildeten sich auch bei Massepolymerisationen hauptsächlich cyclische Verbindungen.

Die Verbindungen Pent-4-ensäureallylester (**5**) und Pent-4-ensäureallyamid (**16**) besaßen eine Allylesterfunktion bzw. Allylamidfunktion und inhibierten den ADMET-Katalysator. Wahrscheinlich bildete sich bei diesen Versuchen durch Komplexierung ein inaktiver Katalysator-Substrat-Komplex, welcher die Bildung von hohen Umsätzen verhinderte. Auf die Einzelheiten und Ergebnisse der durchgeführten ADMET-Experimente wird im Folgenden eingegangen.

5.4.1 Versuch der Polymerisation von Acetaldehyddiallylacetal

Durch die ADMET von Acetaldehyddiallylacetal (**21**) sollte ein Polyacetal synthetisiert werden. Die Reaktion wurde in Masse und in CHCl$_3$ als Lösungsmittel durchgeführt. In beiden Fällen wurde aufgrund der Instabilität der acetalischen Funktion, die sowohl basisch als auch thermisch labil ist, kein Polymer erhalten.

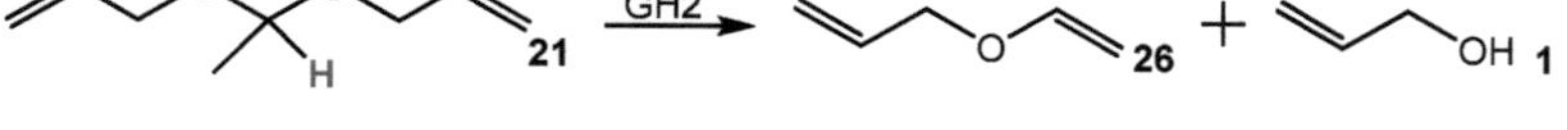

Abb. 80: Nebenreaktion welche im großem Maße während der ADMET von Verbindung **21** stattfand.

In Abb. 80 ist die Nebenreaktion dargestellt, die die Bildung des Polymers verhinderte. Unter den Polymerisationsbedingungen konnte das halbacetalische Proton (rot dargestellt) sehr leicht thermisch umgelagert werden. Der entstehende Allylvinylether (**26**) könnte zusätzlich aufgrund seiner vinylischen Funktionalität als Inhibitor auf den Metathesekatalysator wirken. Anschließend wurde ein Ketal **22** dargestellt, welches kein labiles Proton besaß. Dieses wurde dann, wie im nächsten Kapitel beschrieben, unter den Bedingungen der ADMET umgesetzt.

5.4.2 Versuch der Polymerisation von Ketalen

Das dienterminierte Acetondiallylacetal (**22**) wurde aus Aceton und Allylalkohol (**1**) synthetisiert. Es wurde versucht die erhaltenen Verbindungen in Masse und in Lösung zu polymerisieren. Bei diesen Reaktionen wurden in der Hauptsache jedoch lediglich Oligomere und cyclische Verbindungen aus einer bzw. zwei Monomereinheiten erhalten.

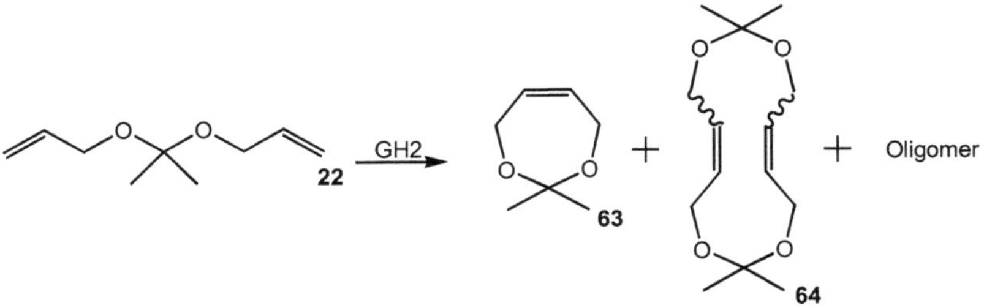

Abb. 81: Erhaltene Produkte beim Versuch der Polymerisation von Acetondiallylacetal (**22**).

In Abb. 81 ist der Versuch der ADMET-Polymerisation von Acetondiallylacetal (**22**) dargestellt. Die intramolekulare Cyclisierung konnte auch durch die Erhöhung der Eduktkonzentration bis zur Reaktion in Masse nicht bedeutend unterdrückt werden. Aufgrund dessen war eine Polymerisation nicht möglich. Wahrscheinlich ist bei diesen Derivaten die Bildung der Cyclen thermodynamisch sehr viel günstiger als die Bildung von Polymeren.

5.4.3 Polymerisation von Pent-4-ensäureallyester und Pent-4-ensäureallylamid

Die Versuche der Polymerisation des Pent-4-ensäureallyesters (**5**) und Pent-4-ensäureallylamids (**16**) verliefen nicht erfolgreich, weil die Katalysatoraktivität sehr gering war. Auch bei einer Katalysatorkonzentration von 5 mol% konnten lediglich Umsätze von bis zu 80% beobachtet werden. Die Darstellung eines Polymers mit hohen Molmassen ist bei Umsätzen in dieser Größenordnung unmöglich.

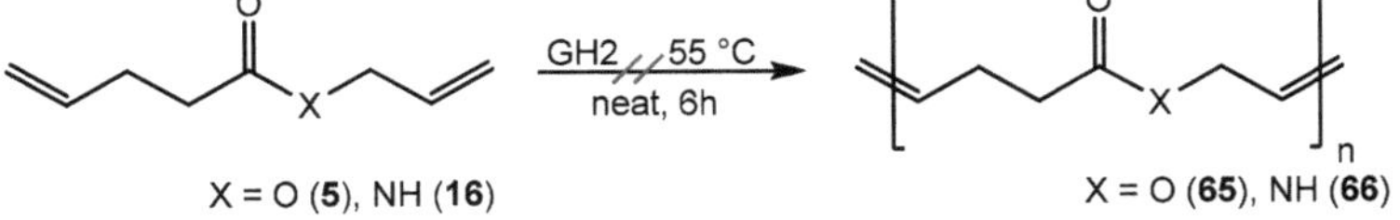

Abb. 82: Versuch der Polymerisation von Pent-4-ensäurediallylester (**5**) und Pent-4-ensäureallylamid (**16**).

ADMET der dargestellten terminalen Diene

Diese geringen Umsätze sind wahrscheinlich hervorgerufen durch den negativen Nachbargruppeneffekt. Durch die Allyl- und Carbonylfunktion der eingesetzten Verbindungen könnte sich durch die Komplexierung des Katalysators ein relativ stabiler, sechsgliedriger Katalysator-Substratkomplex bilden (siehe Abb. 83).[90] Dieser Vorgang könnte die Aktivität des Katalysators deutlich gehemmt haben.

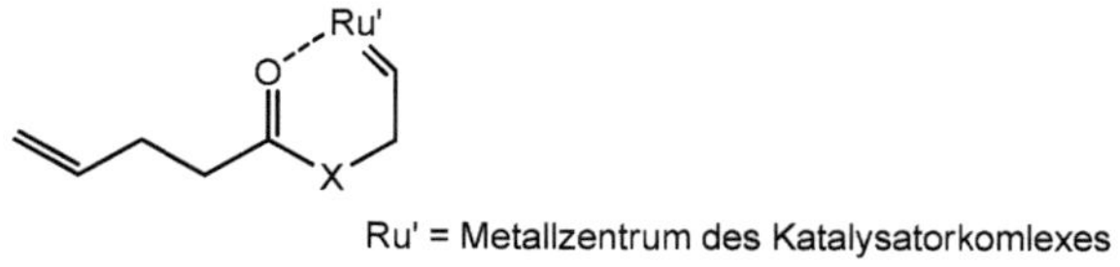

Ru' = Metallzentrum des Katalysatorkomlexes

Abb. 83: Sechsgliedriger Katalysator-Substratkomplex, welcher die Katalysatoraktivität senkt.

Die Komplexierung verhinderte wahrscheinlich eine effiziente Propagierung zu Polymeren. Aufgrund dessen wurden bei diesen Derivaten auch bei hohen Katalysatorkonzentrationen lediglich geringe Umsätze erreicht.

5.5 Synthese von verzweigten und vernetzten Copolymeren

Die Synthese von verzweigten und vernetzten Strukturen ist im Allgemeinen über Polykondensationsreaktionen realisierbar. Um lineare, nicht verzweigte Polymere zu erhalten, werden beim Stufenwachstum nur Monomere eingesetzt, die eine Funktionalität von zwei besitzen. Wird eine Copolymerisation durchgeführt, bei dem auch ein Anteil Monomer mit einer Funktionalität von drei zugesetzt wird, werden verzweigte oder vernetzte Polymere erhalten. Jedes Monomer mit einer Funktionalität von drei ist dabei ein potentieller Verzweigungspunkt. Im Falle der ADMET muss, um verzweigte Polymere zu erhalten, eine Copolymerisation von einem dienterminierten Monomer und einem Monomer mit drei terminalen Doppelbindungen durchgeführt werden.

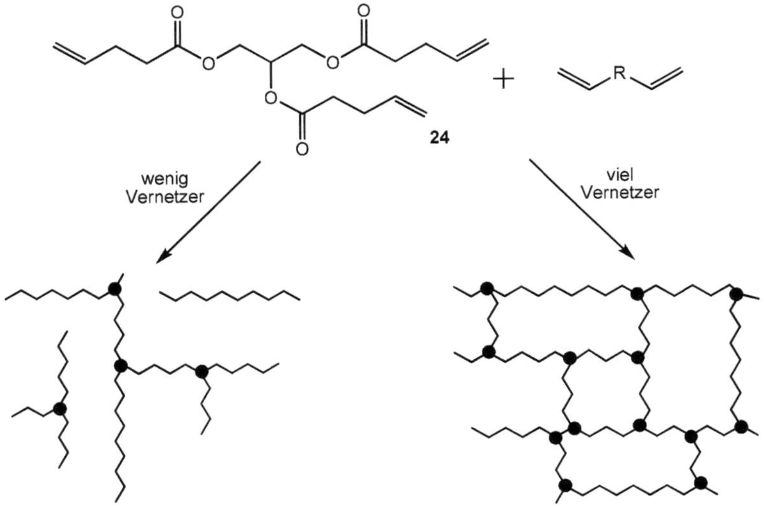

Abb. 84: Schematische Darstellung der erhaltenen Polymerarchitekturen bei unterschiedlichen Konzentrationen des Vernetzers (Punkte heben die Verzweigungsprodukte hervor).

Bei einer solchen Copolymerisation ist das Verhältnis zwischen Vernetzer und Comonomer von großer Bedeutung für die Polymerarchitektur. Bei einer geringen Vernetzerkonzentration wird ein schwach verzweigtes Polymer erhalten. Wenn das Verhältnis Vernetzer zu Comonomer erhöht wird, werden mehr Verzweigungspunkte erhalten. Ab einer gewissen Konzentration bilden sich vernetzte Strukturen aus (siehe Abb. 84).

ADMET der dargestellten terminalen Diene

5.5.1 Synthese von verzweigten und vernetzten Polymeren mit der ADMET

Ausgehend vom synthetisierten Propan-1,2,3-triyltripent-4-enoate (**24**) mit der Funktionalität drei wurden in einer Copolymerisation mit den dienterminierten Monomeren Acrylsäure-4-pentenylester (**6**) und 4-Pentensäure-4-pentenylester (**2**) verzweigte bzw. vernetzte Polymere dargestellt.[91] Bei der Copolymerisation wurde die Konzentration des Vernetzers variiert, um den Verzweigungsgrad einzustellen. Auf diesem Wege konnten sowohl schwach verzweigte, als auch vernetzte Polymere erhalten werden. Bei einigen Polymerisationen vor allem mit relativ großen Konzentrationen des dargestellten Vernetzers **24**, wurden partiell unlösliche Rückstände erhalten. Bei diesen Rückstanden handelte es sich um vernetzte Strukturen, die in Lösungsmitteln wie CHCl$_3$ lediglich aufquollen. Das Gewicht der löslichen und unlöslichen Fraktion wurde in solchen Fällen bestimmt. In Tab. 8 sind die Ergebnisse der durchgeführten Experimente dargestellt.

Tab. 8: Ergebnisse der Copolymerisationen mit Vernetzer **24**.

Comonomer	Konzentration des Vernetzers **24** [mol%]	GPC			Gewicht der unlöslichen Fraktion [gew%]
		Mn [g/mol]	Mw [g/mol]	D	
(Acrylsäure-4-pentenylester **6**)	1.0	1897	8039	4.24	-
	2.0	2197	7714	3.51	-
	2.0	2801	9202	3.29	-
	3.0	2472*	10292*	4.16*	<1
	3.0	3309*	13422*	4.06*	41
(4-Pentensäure-4-pentenylester **2**)	1.0	2929	6211	2.12	-
	1.0	2287	4908	2.15	-
	2.0	2000	4531	2.27	-
	2.0	2872	6537	2.28	-
	3.0	3223	7709	2.39	-
	3.0	3188	7725	2.42	-
	3.0	3040	8258	2.72	-

Reaktion in Masse, 55 °C, 1.5 mol% GH2, 6 Stunden
*Es wurde eine lösliche und eine unlösliche Fraktion erhalten. Die gezeigten Molmassen sind ausschließlich von der löslichen Fraktion.

Nach Beendigung der Reaktion durch Zugabe von Ethylvinylether wurde das Reaktionsgemisch in CHCl$_3$ gegeben und die lösliche Fraktion wurde mittels GPC analysiert. Es wurde deutlich, dass bei der Erhöhung der Konzentration des Vernetzens **24** die Molmassen der Polymere stiegen. Durch die Erhöhung von Verzweigungen stiegen die Molmassen ebenfalls an. Bei einer Konzentration des Vernetzers **24** von 3 mol% wurden bei der Copolymerisation mit Acrylsäure-4-pentenylester (**6**) auch unlösliche Fraktionen erhalten, die wahrscheinlich aus vernetzten Polymerstrukturen bestanden.

Bei den Copolymerisationen mit 4-Pentensäure-4-pentenylester (**2**) wurden dagegen nur lösliche Polymere erhalten. Aufgrund dessen ist davon auszugehen, dass lediglich Verzweigungen im Polymer vorhanden waren und die Konzentration des Vernetzers nicht ausreichte, um bei dem erreichten Polymerisationsgrad ein unlösliche, vernetzte Polymere zu bilden.

6. Kapitel

Zusammenfassung

Aufgrund der in letzten Jahren stetig gestiegenen Biodieselproduktion, bei der Glycerin in großen Mengen als Nebenprodukt anfällt, ist es erstrebenswert nachhaltige Alternativen zur meist thermischen Verwertung dieses Rohstoffes zu erforschen. Im Laufe der Dissertation sollten verschiedene Strategien untersucht werden Glycerin und dessen Folgeprodukt Allylalkohol (**1**) stofflich für die Synthese von Polymeren zu nutzen.

Dabei stand zunächst die Synthese der Verbindung 4-Pentensäurepent-4-enylester (**2**) im Vordergrund. Bei der Synthese konnte durch die Verwendung eines Mikrowellenreaktors bzw. durch den Einsatz eines Festbettreaktors die Gesamtausbeute der vierstufigen Synthese auf 36% erhöht werden. Trotz dieser Verbesserung bietet die Umlagerungsreaktion von Allylvinylether (**26**), die den Gesamtumsatz am meisten limitiert, weiterhin Potential zur Verbesserung. Um den Prozess der Synthese von 4-Pentensäurepent-4-enylester (**2**) insgesamt zu verbessern, könnten die Edukte, die im großen Umfang zurückgewonnen werden konnten, erneut für die Synthese der Zielverbindung eingesetzt werden, welches den Prozess insgesamt effizienter gestalten würde.

Im Anschluss an die Synthese des 4-Pentensäurepent-4-enylesters (**2**) konnte nach der Verseifung, über die C$_5$-Bausteine 4-Pentensäure (**3**) und 4-Pentenol (**4**), eine Vielzahl von dienterminierten Verbindungen mit unterschiedlichen funktionellen Gruppen in guten Ausbeuten und Reinheiten gewonnen werden. Im Anschluss an die Synthese der Diene sollten verschiedene Strategien untersucht werden, die dienterminierten Derivate in Polymere zu überführen.

1. Ausgehend von dienterminierten Estern sollten mit der RCM Lactone synthetisiert werden, die im Anschluss durch eine ROP polymerisiert werden sollten. Lactone konnten erfolgreich synthetisiert werden, jedoch waren die Durchsätze bei der RCM, aufgrund der hohen Verdünnung, die für die Cyclisierungsreaktion benötigt wurde, zu gering. Deshalb konnte über diesen Weg keine effiziente Synthese von Polymeren erfolgen.

2. Die dienterminierten Verbindungen sollten zunächst in Diepoxide derivatisiert werden. Mit der Umlagerung der Diepoxide zu Dialdehyden und einer anschließenden Polytishchenkoreaktion sollten Polyester synthetisiert werden. Eine effiziente Durchführung

Zusammenfassung

der Umlagerungsreaktion, war bei dieser Strategie von entscheidender Bedeutung. Aufgrund dessen wurde diese Reaktion intensiv untersucht. Es konnten sehr effiziente Katalysatoren für die Umlagerungsreaktion unfunktionalisierter Epoxide synthetisiert werden. Jedoch konnten die untersuchten Katalysatoren Derivate mit weiteren funktionellen Gruppen nicht zu Aldehyden umlagern.

3. Die direkte Polymerisation der synthetisierten Diene mit der ADMET war erfolgreich und es konnten auf diesem Weg neue, hochfunktionalisierte, ungesättigte Polymere dargestellt werden. Während der Polymerisation wurde ein Masseverlust von einer oder mehrerer CH_2-Einheiten beobachtet, welcher durch Nebenreaktionen bei der ADMET verursacht wurde. Einige Polymere wurden mit Abbaureaktionen und anschließender GC bzw. GC-MS Analyse oder mittels MALDI-ToF intensiv untersucht. Durch diese Untersuchungen konnte der Masseverlust teilweise quantifiziert werden und es zeigte sich, dass der Masseverlust ein häufig auftretender Prozess war. Weiterhin wurden bei Verbindungen mit nicht äquivalenten Doppelbindungen untersucht, ob die Verknüpfung der Monomere regioselektiv erfolgte. Beim dienterminierten Ester Acrylsäure-4-pentenylester (6) konnte nachgewiesen werden, dass sich bei der ADMET fast ausschließlich die Kopf-Schwanz Verknüpfung bildete.

Trotz der Teilerfolge, die bei der Synthese von Lactonen (Strategie 1) und bei der Umlagerung von Diepoxiden zu Dialdehyden (Strategie 2) erzielt werden konnten, waren über diese Routen keine Polymere darstellbar. Mit der ADMET hingegen konnten die synthetisierten dienterminierten Derivate (Strategie 3) in hochfunktionalisierte Polymere mit hohen Molmassen überführt werden. Diese Syntheseroute erwies sich als am besten geeignet, um Polymere ausgehend von Allylalkohol (1) darzustellen.

Insgesamt wurden ausgehend vom nachwachsenden Rohstoff Glycerin und dessen Folgeprodukt Allylalkohol (1) eine Vielzahl von unterschiedlichen hochfunktionalisierten Polymeren erhalten und eine Syntheseroute erschlossen, die zu neuen Möglichkeiten der stofflichen Nutzung dieses Rohstoffes verhilft. Die stoffliche und nachhaltige Verwendung des Glycerins hilft den Produktlebenszyklus der Biodieselnutzung weiter zu verbessern, um so einen Beitrag für die Substitution von fossilen Rohstoffen zu leisten.

7. Kapitel

Abstract

Glycerol is a chemical which is generated as a byproduct of the industrial production of biodiesel fuel. In recent years the research activity for the sustainable use of glycerol was increased, due to the higher production volumes of biodiesel fuel. Various strategies to utilize glycerol and allyl alcohol (**1**) as raw-materials to synthesize polymers were reviewed for this dissertation.

In the first part, new ways for the synthesis of pent-4-enyl pent-4-enoate (**2**) were explored. The overall yield was improved to 36% through either the use of a microwave reactor or the use of a fixed-bed reactor. Despite this improvement, the overall yield is still limited by the rearrangement reaction of allyl vinyl ether (**26**). Some of the reactants have been reclaimed in large amounts during the process. These reactants may be used for further reactions, which would improve the overall efficiency of the process.

New dienes were synthesized from pent-4-enoic acid (**3**) and pent-4-enol (**4**) which were saponification products of pent-4-enyl pent-4-enoate (**2**). Different strategies were reviewed to gain new polymers from the mentioned dienes.

1. The cyclization of dien-terminated esters via RCM to lactones was reviewed. The gained lactones were polymerized by ROP. With this method lactones were synthesized, but the throughput was low because of the very dilute conditions during the RCM. Therefore an efficient synthesis of polymers was not possible through this strategy.

2. The derivatization of dien-terminated compounds to diepoxides was reviewed. After the rearrangement of the obtained diepoxides to dialdehydes the possibility to gain polyesters via a poly-tishchenko-reaction was reviewed. The efficient rearrangement reaction of the diepoxides was crucial for this strategy and was therefore analyzed in detail. Very efficient catalysts for the rearrangement reaction of non-functionalized epoxides were synthesized. But these catalysts were not able to catalyze the rearrangement reaction of reactants with other functional groups.

3. The direct polymerization of the synthesized dienes with the ADMET was successful. Through this route new, highly functionalized, unsaturated polymers were synthesized. A mass loss was observed during the polymerization which was caused by side reactions during the ADMET. This mass loss could partially be quantified with a degradation reaction and GC/GC-MS or with MALDI-ToF. Furthermore the preferred head-to-tail linkage of the pent-4-enyl acrylic ester (**6**) was observed during the ADMET.

Highly functionalized polymers were synthesized with the obtained dienes via ADMET. The synthesis of polymers via the strategies one or two was not successful.

Overall this thesis presents new pathways to utilize glycerol and allylic alcohol (**1**) as starting material for the syntheses of highly functionalized polymers. This utilization helps to improve the product-life-cycle of the biodiesel fuel and is a contribution to the substitution of fossil raw materials in the polymer production.

8. Kapitel

Experimenteller Teil

8.1 Analytische Methoden

Im folgenden Abschnitt werden kurz die Analysemethoden und Geräte vorgestellt, die bei der Forschungsarbeit verwendet wurden.

8.1.1 Kernspinresonanzspektroskopie

Für die Kernspinresonanzspektroskopie (eng. nuclear magnetic resonance; NMR) wurde ein Gerät der Marke Bruker Avance® mit 400 MHz verwendet. Die erhaltenen Spektren wurden mit dem Programm Mestrec Nova® (Version 5.2.4-3924) der Firma Mestrelab Research S.L.® durchgeführt.

8.1.2 Säulenchromatographie

Zur Säulenchromatographie wurde wenn nicht anders angegeben Silica Kieselgel 60 der Firma Merck® verwendet. Der Durchmesser des Kieselgels betrug 0.063-0.020 mm. Die zur Chromatographie verwendeten Lösungsmittel wurden vor dem Gebrauch destilliert.

8.1.3 Gel-Permeations-Chromatographie

Zur Bestimmung der Molmassenverteilung der Polymerisationen standen zwei Geräte zur Verfügung.
Die Raumtemperatur-GPC wurde mit zwei in Reihe geschalteten Säulen PL Gel 5 µm Mixed-C betrieben. Die Messungen wurden bei RT in Chloroform durchgeführt. Die Auswertung erfolgte mit der Software NTeq GPC V 6.4 von HS. Zur Kalibrierung wurde der Polystyrol-Standard EasiCal® PS-1 von Polymer Laboratories® verwendet.

Es wurde die Hochtemperatur-GPC GPCV 2000 der Firma Waters® mit einer PLG Olexis Säule der Firma Varian® betrieben. Die Messungen wurden in 1,2,4-Trichlorbenzol, bei einer Temperatur von 160 °C durchgeführt. Als Detektor dienten ein Refraktometer und ein Visco-Detektor. Die Auswertung erfolgte mit der Software Millennium 32 (Firma Waters®). Zur Kalibrierung wurden Polystyrol-Standards von PSS verwendet.

Für die Messungen wurden jeweils 5-7 mg der Probe genau eingewogen und im entsprechenden Lösungsmittel gelöst und anschließend in das Gerät injiziert. Die Messungen wurden jeweils bei einer Fließgeschwindigkeit von 1 mL/min durchgeführt.

8.1.4 Differential-Scanning-Calorimetrie

Für die thermische Analyse zur Bestimmung der Schmelztemperaturen und der Kristallisationstemperaturen stand das Gerät DSC 821e der Firma Mettler-Toledo® zur Verfügung. Für eine Messung wurden 4-7 mg der Probe genau eingewogen. Dann wurde die Probe mit folgendem Temperaturprogramm untersucht. Die Temperatur wurde zunächst von 25 °C auf 220 °C mit einer Aufheizrate von 20 K/min erhöht. Anschließend wurde von 220 °C auf 25 °C mit 10 K/min abgekühlt, um die Probe dann erneut auf 220 °C mit 20 K/min aufzuheizen.

8.1.5 MALDI-ToF Analyse

Die MALDI-ToF-Messungen wurden mit dem Spektrometer Biflex III von Bruker Daltonics® aufgenommen. Die Auswertung erfolgte mit der Software Xmass 4.1 ebenfalls von Bruker Daltonics®.

Es wurde jeweils eine Lösung aus 1-2 mg Polymer und 1 mL THF (Polymerlösung), 10 mg Dihydroxybenzoesäure (DHB) und THF (Matrixlösung) und eine Lösung aus Kaliumchlorid in 1 mL THF/Wasser (1/1; Salzlösung) hergestellt. Dann wurde jeweils 1 µL der entsprechenden Lösung auf das Target aufgebracht. Nachdem der Tropfen getrocknet war, konnten weitere Lösungen aufgebracht werden.

Es wurde dreimal Salzlösung, dreimal Matrixlösung, dreimal Polymerlösung und anschließend erneut dreimal Matrixlösung aufgetragen.

8.1.6 Gaschromatographie mit gekoppelter Massenspektrometrie

Die Gaschromatographie wurde mit dem Säulenmaterial HP6890 der Firma Hewlett-Packard bei einer Injektionstemperatur von 220 °C durchgeführt. An diesem System war ein Massensprektrometer der Bauart VG 70SE angeschlossen. Es handelte sich um ein Sektorfeld-Massenspektrometer mit 70 ev und einer Quellentemperatur von 200 °C. Als Detektor diente ein Sekundärelektronenvervielfacher.

8.1.7 Massenspektrometrie

Das verwendete Massenspektrometer mit Elektronenstoßionisation war das Modell VG 70 S des Herstellers VG Analytical. Es handelte sich um ein Sektorfeld-Massenspektrometer mit 70 ev und einer Quellentemperatur von 200 °C. Als Detektor diente ein Sekundärelektronenvervielfacher.

8.2 Synthese der Monomere

Im folgenden Teil wird detailliert auf die einzelnen Synthesen der Monomere eingegangen. Bei den Reaktionen wurde generell, wenn nicht anders angemerkt, unter Argon als Inertgas und mit absoluten Lösungsmitteln gearbeitet, um Feuchtigkeit und Sauerstoff auszuschließen.

8.2.1 Allgemeine Arbeitsvorschrift zur Veresterung von Säurechloriden (AVV 1)

Es wurde 1 eq. des entsprechenden Alkohols mit 3 eq. einer Stickstoffbase (Pyridin oder NEt$_3$) in DCM gelöst und auf 0 °C gekühlt. Zu dieser Lösung wurde 1 eq. des Säurechlorids (1 eq. bezogen auf die Hydroxygruppen) gelöst in DCM über einen Zeitraum von einer Stunde hinzugegeben. Anschließend wurde das Reaktionsgemisch in Wasser gegeben und dreimal mit DCM extrahiert. Die vereinten organischen Phasen wurden über Natriumsulfat getrocknet und das Lösungsmittel wurde entfernt. Anschließend konnte das Reaktionsprodukt, wie jeweils angegeben, gereinigt werden. Im Folgenden sind die mit dieser Vorschrift synthetisierten Verbindungen mit Charakterisierung aufgeführt.

Acrylsäure-4-pentenylester (**6**)
Summenformel: C$_8$H$_{12}$O$_2$
Molekulargewicht: 140.18 g/mol
Ausbeute: 58%
Siedepunkt: 62 °C (80 mbar)
Reinigung: Destillation

^{1}H-NMR (400 MHz, CDCl$_3$): δ [ppm] = 6.46 – 6.35 (m, 1H, *cis* H-1), 6.12 (dd, J = 10.4, 17.3, 1H, H-2), 5.81 (td, J = 4.9, 10.3, 2H, H-7, *trans* H-1), 5.02 (dd, J = 13.7, 19.8, 2H, H-8), 4.17 (t, J = 6.6, 2H, H-4), 2.15 (dd, J = 6.9, 14.4, 2H, H-6), 1.84 – 1.72 (m, 2H, H-5).
^{13}C-NMR (100 MHz, CDCl$_3$): δ [ppm] = 166.5 (C-3), 137.8 (C-2), 130.9 (C-1), 128.9 (C-7), 115.7 (C-8), 64.3 (C-4), 30.4 (C-6), 28.1 (C-5).

Pent-4-ensäureallylester (**5**)
Summenformel: $C_8H_{12}O_2$
Molekulargewicht: 140.18 g/mol
Ausbeute: 62%
Siedepunkt: 71 °C (60 mbar)
Reinigung: Destillation

^{1}H-NMR (400 MHz, CDCl$_3$): δ [ppm] = 5.98 – 5.76 (m, 2H, H-7, H-2), 5.27 (dd, J = 13.8, 34.0, 2H, H-8), 5.03 (dd, J = 13.7, 23.4, 2H, H-1), 4.58 (d, J = 5.6, 2H, H-6), 2.48 – 2.34 (dt, J = 6.4, 11.8, 4H, H-3, H-4).
^{13}C-NMR (100 MHz, CDCl$_3$): δ [ppm] = 172.9 (C-5), 137.0 (C-7), 132.6 (C-2), 118.5 (C-8), 115.9 (C-1), 65.4 (C-6), 33.8 (C-3), 29.2 (C-4).

1,2-Ethandiolpent-4-enat (**7**)
Summenformel: $C_{12}H_{18}O_4$
Molekulargewicht: 226.32 g/mol
Ausbeute: 54%
Reinigung: Destillation

^{1}H-NMR (400 MHz, CDCl$_3$): δ [ppm] = 5.88 – 5.75 (m, 2H, H-2), 5.11 – 4.96 (m, 4H, H-1), 4.29 (s, 4H, H-6), 2.48 – 2.31 (m, 8H, H-3, H-4).

1,4-Butandiolpent-4-enat (**8**)
Summenformel: $C_{14}H_{22}O_4$
Molekulargewicht: 254.32 g/mol
Ausbeute: 85%
Reinigung: Säulenchromatographie
R$_f$ PE/EE (9/1): 0.49

^{1}H-NMR (400 MHz, CDCl$_3$): δ [ppm] = 5.88 – 5.75 (m, 2H, H-2), 5.11 – 4.96 (m, 4H, H-1), 4.09 (s, 4H, H-6), 2.48 – 2.31 (m, 8H, H-3, H-4), 1.76 – 1.69 (m, 4H, H-7).
^{13}C-NMR (100 MHz, CDCl$_3$): δ [ppm] = 173.4 (C-5), 137.0 (C-2), 115.9 (C-1), 64.2 (C-6), 33.9 (C-3), 29.3 (C-4), 25.7 (C-7).

1,6-Hexandiolpent-4-enat (**9**)

Summenformel: $C_{16}H_{26}O_4$

Molekulargewicht: 282.38 g/mol

Ausbeute: 85%

Siedepunkt: 95 °C (0.27 mbar)

Reinigung: Destillation

^{1}H-NMR (400 MHz, CDCl$_3$): δ [ppm] = 5.89 – 5.75 (m, 2H, H-2), 5.03 (dd, J = 13.8, 22.5, 4H, H-1), 4.07 (t, J = 6.6, 4H, H-6), 2.40 (dd, J = 5.8, 9.9, 8H, H-4, H-3), 1.63 (d, J = 6.3, 4H, H-7), 1.38 (s, 4H, H-8).
^{13}C-NMR (100 MHz, CDCl$_3$): δ [ppm] = 173.5 (C-5), 137.1 (C-2), 115.8 (C-1), 64.7 (C-6), 33.9 (C-3), 29.3 (C-4), 28.9 (C-7), 26.6 (C-8).

Dipent-4-enylisophtalsäurediester (**11**)

Summenformel: $C_{18}H_{22}O_4$

Molekulargewicht: 302.36 g/mol

Ausbeute: 64%

Siedepunkt: 130 °C (0.27 mbar)

Reinigung: Destillation

^{1}H-NMR (400 MHz, CDCl$_3$): δ [ppm] = 8.70 (s, 1H, H-10), 8.24 (dd, J = 1.6, 7.7, 2H, H-8), 7.55 (t, J = 7.7, 1H, H-9), 5.86 (ddt, J = 6.6, 10.2, 13.4, 2H, H-2), 5.15 – 4.94 (m, 4H, H-1), 4.38 (t, J = 6.6, 4H, H-5), 2.24 (dd, J = 6.9, 14.3, 4H, H-3), 1.98 – 1.79 (m, 4H, H-4).
^{13}C-NMR (100 MHz, CDCl$_3$): δ [ppm] = 166.2 (C-6), 137.7 (C-2), 134.1 (C-8), 131.2 (C-10), 131.0 (C-7), 129.0 (C-9), 115.8 (C-1), 65.1 (C-5), 30.5 (C-3), 28.3 (C-4).

Dipent-4-enylterephtalsäurediester (**10**)

Summenformel: $C_{18}H_{22}O_4$

Molekulargewicht: 302.36 g/mol

Ausbeute: 71%

Siedepunkt: 152 °C (0.27 mbar)

Reinigung: Destillation

^{1}H-NMR (400 MHz, CDCl$_3$): δ [ppm] = 8.11 (s, 4H, H-8), 5.85 (ddt, J = 6.6, 10.2, 13.4, 2H, H-2), 5.16 – 4.92 (m, 4H, H-1), 4.36 (t, J = 6.6, 4H, H-5), 2.23 (dd, J = 6.9, 14.2, 4H, H-3), 1.96 – 1.75 (m, 4H, H-4).

^{13}C-NMR (100 MHz, CDCl$_3$): δ [ppm] = 166.2 (C-6), 137.7 (C-2), 134.5 (C-7), 129.9 (C-8), 115.9 (C-1), 65.2 (C-5), 30.5 (C-3), 28.2 (C-4).

8.2.2 Allgemeine Arbeitsvorschrift zur Darstellung von Amiden (AVV 2)

Es wurde 1.0 eq. der entsprechenden Carbonsäure in DCM gelöst und mit 1.1 eq. 1,1'-Carboxyldiimidazol versetzt. Das Reaktionsgemisch wurde anschließend für eine Stunde gerührt. Die Lösung wurde auf 0 °C gekühlt und es wurden 1.0 eq. des entsprechenden Amins (1 eq. bezogen auf die Säuregruppen) gelöst in DCM über einen Zeitraum von einer Stunde hinzugegeben. Nach vollständiger Zugabe wurde die Kühlung entfernt und 18 Stunden bei RT gerührt. Das Lösungsmittel wurde entfernt und der Rückstand wurde in 50%iger Kochsalzlösung aufgenommen. Die wässrige Phase wurde dreimal mit EE extrahiert. Die vereinten organischen Phasen wurden jeweils einmal mit 0.5 M Zitronensäurelösung, 5%iger Natriumhydrogencarbonatlösung und mit 50%iger Kochsalzlösung gewaschen. Anschließend wurden die vereinten organischen Phasen über Natriumsulfat getrocknet und das Lösungsmittel wurde abgetrennt. Die Reinigung erfolgte säulenchromatographisch. Im Folgenden sind die mit dieser Vorschrift synthetisierten Verbindungen mit Charakterisierung aufgeführt.

N,N'-1,2-Ethandiamindipent-4-enamid (**15**)
Summenformel: C$_{12}$H$_{20}$N$_2$O$_2$
Molekulargewicht: 224.30 g/mol
Ausbeute: 69%

^{1}H-NMR (400 MHz, CDCl$_3$): δ [ppm] = 6.43 (s, 2H, H-6), 5.81 (ddt, J = 6.4, 10.2, 16.8, 2H, H-2), 5.14 – 4.95 (m, 4H, H-1), 3.46 – 3.30 (m, 4H, H-7), 2.38 (dd, J = 6.6, 13.3, 4H, H-3), 2.22-2.31 (m, 4H, H-4).

^{13}C-NMR (100 MHz, CDCl$_3$): δ [ppm] = 174.1 (C-5), 137.3 (C-2), 116.0 (C-1), 40.5 (C-7), 36.1 (C-3), 29.9 (C-4).

N,N'-1,6-Hexandiamindipent-4-enylamid (**17**)
Summenformel: C$_{16}$H$_{28}$N$_2$O$_2$

Molekulargewicht: 280.41 g/mol

Ausbeute: 92%

^{1}H-NMR (400 MHz, CDCl$_3$): δ [ppm] = 5.88 – 5.78 (m, 4H, H-2, H-6), 5.04 (dd, J = 13.6, 25.0, 4H, H-1), 3.24 (dd, J = 6.6, 13.0, 4H, H-7), 2.39 (dd, J = 6.8, 13.8, 4H, H-3), 2.28 (t, J = 7.3, 4H, H-4), 1.48 (t, J = 6.2, 4H, H-8), 1.33 (s, 4H, H-9).

^{13}C-NMR (100 MHz, CDCl$_3$): δ [ppm] = 172.9 (C-5), 137.5 (C-2), 115.9 (C-1), 39.6 (C-7), 36.3 (C-3), 30.1 (C-4), 29.8 (C-8), 26.3 (C-9).

N,N'-(1,2-phenylene)dipent-4-enamid (**14**)

Summenformel: C$_{12}$H$_{20}$N$_2$O$_2$

Molekulargewicht: 272.32 g/mol

Ausbeute: 91%

R$_f$ PE/EE (9/1): 0.54

^{1}H-NMR (400 MHz, CDCl$_3$): δ [ppm] = 8.34 (s, 2H, H-6), 7.30 (dd, J = 4.6, 8.2, 2H, H-9), 7.17 (dd, J = 3.5, 5.8, 2H, H-8), 5.95 – 5.78 (m, 2H, H-2), 5.10 (dd, J = 13.6, 25.7, 4H, H-1), 2.47 – 2.53 (m, 8H, H-3, H-4).

^{13}C-NMR (100 MHz, CDCl$_3$): δ [ppm] = 172.4 (C-5), 137.0 (C-2), 130.9 (C-7), 126.6 (C-9), 126.0 (C-8), 116.3 (C-1), 36.5 (C-3), 29.8 (C-4).

8.2.3 Allgemeine Arbeitsvorschrift zur Darstellung von Carbamaten (AVV 3)

Es wurden 2 eq. 4-Pentenol und 1 eq. Triethylamin in DCM gelöst. Die Lösung wurde auf 0 °C gekühlt und es wurde 1 eq. des entsprechenden Diisocyanats hinzugegeben, dabei bildete sich eine weiße Suspension. Nach vollständiger Zugabe wurde die Kühlung entfernt und das Reaktionsgemisch wurde für 16 Stunden bei RT gerührt. Das Lösungsmittel wurde entfernt und das Reaktionsprodukt wurde in PE/EE umkristalisiert.

Experimenteller Teil

Dipent-4-enyl-4-methyl-1,3-phenylendicarbamat (**12**)

Summenformel: $C_{19}H_{26}O_4N_2$

Molekulargewicht: 346.42 g/mol

Ausbeute: 82%

^{1}H-NMR (400 MHz, CDCl3): δ [ppm] = 7.78 (s, 1H, H-13), 7.24 (d, J = 14.7, 1H, H-11), 7.07 (d, J = 8.2, 1H, H-10), 6.63 (s, 1H, H-7), 6.40 (s, 1H, H-15), 5.82 (tdd, J = 5.2, 8.1, 16.7, 2H, H-2, H-20), 5.13 – 4.93 (m, 4H, H-2, H-21), 4.17 (dt, J = 6.5, 6H, H-5, H-17), 2.20 (s, 3H, H-14), 2.18-2.10 (m, 4H, H-3, H-19), 1.86 – 1.69 (m, 4H, H-4, H-18).

^{13}C-NMR (100 MHz, CDCl$_3$): δ [ppm] =154.2 (C-6, C16) 137.9 (C-2, C-20), 137.1 (C-12), 136.7 (C-8), 131.2 (C-10), 115.7 (C-1, C-9, C-11, C-13 C-21), 65.2 (C-17), 65.0 (C-5), 30.4 (C-19, C-3), 28.5 (C-4, C-18), 17.4 (C-14).

Dipent-4-enyl-4-hexan-1,6-diylcarbamat (**13**)

Summenformel: $C_{18}H_{32}O_4N_2$

Molekulargewicht: 340.46 g/mol

Ausbeute: 79%

^{1}H-NMR (400 MHz, CDCl3): δ [ppm] = 5.82 (dt, J = 8.3, 16.9, 2H; H-2), 5.10-4.95 (m, 4H, H-1), 4.20-4.03 (m, 4H, H-5), 3.16 (d, J = 5.7, 4H, H-7), 2.12 (d, J = 6.4, 4H, H-3), 1.71 (d, J = 6.3, 4H, H-4), 1.49 (s, 4H, H-9), 1.33 (s, 4H, H-6).

^{13}C-NMR (100 MHz, CDCl$_3$): δ [ppm] = 156.73 (C-10), 137.64 (C-2), 115.08 (C-1), 64.01 (C-5), 40.6 (C-7), 30.0 (C-3), 28.3 (C-4), 28.2 (C-8), 26.3 (C-9).

8.2.4 Allgemeine Arbeitsvorschrift zur Darstellung von Ketalen (AVV 4)

Es wurde 1 eq. des jeweiligen Ketons mit 2 eq. Allylalkohol (**1**) und 1 mol% *p*-Toluolsulfonsäure in einen Kolben gegeben. Die Lösung wurde dann mit Acetondimethylketal bzw. mit Cyclopentanon und Molsieb 4 Å (1 g pro 1 g Allylalkohol) versetzt. Das Reaktionsgemisch wurde dann 24 Stunden bei RT gerührt. Um die Reaktion zu beenden wurden 1.2 mol% Triethylamin hinzugegeben. Die Reaktionslösung wurde in DCM aufgenommen und dreimal mit dem. Wasser gewaschen. Die organischen Phasen wurden über Natriumsulfat getrocknet und das Lösungsmittel wurde entfernt. Das Produkt wurde anschließend mittels Destillation bei vermindertem Druck gereinigt.

Acetondiallylketal (**22**)
Summenformel: $C_9H_{16}O_2$
Molekulargewicht: 156.22 g/mol
Ausbeute: 61%
Siedepunkt: 75 °C (60 mbar)

^{1}H-NMR (400 MHz, CDCl$_3$): δ [ppm] = 6.00 – 5.85 (m, 2H, H-2), 5.28 (d, J = 17.2, 2H, *trans* H-1), 5.13 (d, J = 10.3, 2H, *cis* H-1), 3.98 (d, J = 5.4, 4H, H-3), 1.40 (s, 6H, H-5).
^{13}C-NMR (100 MHz, CDCl$_3$): δ [ppm] = 135.6 (C-2), 116.4 (C-1), 100.7 (C-4), 62.4 (C-3), 25.4 (C-5).

1,1'-Diallylalloxycyclopentanon (**23**)
Summenformel: $C_{11}H_{18}O_2$
Molekulargewicht: 182.26 g/mol
Ausbeute: 8%
Siedepunkt: 90 °C (30 mbar)

^{1}H-NMR (400 MHz, CDCl$_3$): δ [ppm] = 6.02 – 5.86 (m, 2H, H-2), 5.29 (dd, J = 1.4, 17.2, 2H, *trans* H-1), 5.14 (d, J = 10.3, 2H, *cis* H-1), 3.99 (d, J = 5.4, 4H, H-3), 1.83 (t, J = 6.7, 4H, H-5), 1.69-1.63 (m, 4H, H-6).
^{13}C-NMR (100 MHz, CDCl$_3$): δ [ppm] = 135.2 (C-2), 115.9 (C-1) 112.3 (C-4), 63.06 (C-3), 34.96 (C-5), 23.12 (C-6).

8.2.5 Darstellung von Acetaldehyddiallylacetal

Es wurde in 1.20 kg (2.0 eq. / 20.7 mol) Allylalkohol (1) 205 g (0.18 eq. / 1.85 mol) wasserfreies Calciumchlorid mit einem KPG-Rührer suspendiert und auf 0 °C gekühlt. Zur Suspension wurde bei 0 °C 450 g (1 eq. / 10.2 mmol) frisch destilliertes Acetaldehyd (25) hinzugegeben.[59] Nach der vollständigen Zugabe wurde die Suspension für 72 Stunden bei Raumtemperatur mechanisch gerührt. Das erhaltene Reaktionsgemisch wurde anschließend abdekantiert, dreimal mit dem. Wasser extrahiert und anschließend über wasserfreien Kaliumcarbonat getrocknet. Die Reinigung des Reaktionsproduktes erfolgte durch fraktionierte Destillation bei einer Temperatur von 150-155 °C. Es wurden 931 g (6.54 mol) der farblosen Flüssigkeit erhalten. Dies entspricht einer Ausbeute von 64%.

Acetaldehyddiallylacetal (21)
Summenformel: $C_8H_{14}O_2$
Molekulargewicht: 142.20 g/mol
Ausbeute: 64%
Siedepunkt: 150 °C

^{1}H-NMR (400 MHz, CDCl$_3$): δ [ppm] = 5.94 – 5.84 (m, 2H, H-2), 5.34 – 5.24 (m, 2H, *trans* H-1), 5.19 – 5.10 (m, 2H, *cis* H-1), 4.84 – 4.76 (m, 1H, H-4), 4.15 – 3.95 (m, 4H, H-3), 1.34 (t, *J* = 5.1, 3H, H-5).

^{13}C-NMR (100 MHz, CDCl$_3$): δ [ppm] = 134.9 (C-2), 116.8 (C-1), 98.9 (C-4), 66.1 (C-3), 19.9 (C-5).

8.2.6 Darstellung von 2,2-Dimethyl-1,3-dioxacyclohept-5-en

Die Reaktionen wurden unter Argon als Inertgas durchgeführt, um Feuchtigkeit und Sauerstoff auszuschließen.
Es wurden 2.5 mol% GH2 bezogen auf das eingesetzte Edukt 22 in einem Schlenkkolben eingewogen. Dann wurde Chloroform und das entsprechende Dien hinzugegeben. Das Reaktionsgemisch wurde anschließend für 6 Stunden unter Rückfluss erhitzt. Die Reaktionslösung wurde mit Ethylvinylether versetzt, um den Katalysator zu desaktivieren. Die Reaktionslösung wurde mit einer kurzen Säule und 5 g Kieselgel säulenchromatographisch gereinigt.

2,2-Dimethyl-1,3-dioxacyclohept-5-en (**63**)

Summenformel: $C_7H_{12}O_2$

Molekulargewicht: 128.17 g/mol

Ausbeute 76%

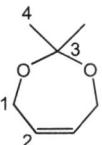

^{1}H-NMR (400 MHz, CDCl$_3$): δ [ppm] = 5.66 (s, 2H, H-2), 4.26 (s, 4H, H-1), 1.44 (s, 6H, H-4).

^{13}C-NMR (100 MHz, CDCl$_3$): δ [ppm] = 129.4 (C-2), 101.9 (C-3), 61.4 (C-1), 61.4 (C-4).

8.2.7 Darstellung von Allyvinylether

Es wurden 271 g (1.91 mol) Acetaldehyddiallylacetal (**21**) mit 0.6 mL 85%iger wässriger Phosphorsäure versetzt und auf Badtemperatur 150 °C erhitzt.[59] Das Reaktionsprodukt wurde kontinuierlich über eine isolierte und verspiegelte 1.2 m lange Vigreuxkolonne abgetrennt (Kopftemperatur 70-95 °C). Das Destillat wurde zur Reinigung viermal mit Wasser gewaschen und bei einer Temperatur von 73 °C fraktioniert destilliert. Es wurden 49.8 g (592 mmol) der klaren Flüssigkeit erhalten. Dies entspricht einer Ausbeute von 31%.

Allyvinylether (**26**)

Summenformel: C_5H_8O

Molekulargewicht: 84.12 g/mol

Ausbeute: 31%

Siedepunkt: 72 °C

^{1}H-NMR (400 MHz, CDCl$_3$): δ [ppm] = 6.46 (dd, J = 6.8, 14.3, 1H, H-2), 6.04 – 5.92 (m, 1H, H-4), 5.33 (dd, J = 1.5, 17.3, 1H, *trans* H-5), 5.23 (dd, J = 1.2, 10.5, 1H, *cis* H-5), 4.26 – 4.20 (m, 3H, H-3, *trans* H-1), 4.03 (dd, J = 1.9, 6.7, 1H, *cis* H-1).

^{13}C-NMR (100 MHz, CDCl$_3$): δ [ppm] = 151.4 (C-2), 133.2 (C-4), 117.8 (C-5), 87.3 (C-1), 69.2 (C-3).

8.2.8 Darstellung von 4-Pentenal im Autoklav

Es wurden 49.8 g (592 mmol) Allylvinylether (**26**) für drei Stunden im Autoklav auf 150 °C erhitzt. [59] Der Innendruck stieg zunächst auf 6 bar und fiel nach 3 Stunden auf 3 bar ab. Nach Beendigung der Reaktion wurde das Reaktionsprodukt bei einer Temperatur von 97-100 °C fraktioniert destilliert. Es wurden 30.8 g (367 mmol) der klaren Flüssigkeit erhalten. Dies entspricht einer Ausbeute von 61%.

4-Pentenal (**27**)
Summenformel: C_5H_8O
Molekulargewicht: 84.12 g/mol
Ausbeute: 61%
Siedepunkt: 97 °C

^{1}H-NMR (400 MHz, CDCl$_3$): δ [ppm] = 9.77 (s, 1H, H-1), 5.90 – 5.75 (m, 1H, H-4), 5.12 – 4.97 (m, 2H, H-5), 2.55 (t, J = 7.1, 2H, H-3), 2.39 (dd, J = 6.8, 13.7, 2H, H-2).
^{13}C-NMR (100 MHz, CDCl$_3$): δ [ppm] = 202.2 (C-1), 137.8 (C-4), 115.9 (C-5), 43.0 (C-2), 26.4 (C-3).

8.2.9 Darstellung von 4-Pentenal im Mikrowellenreaktor

Es wurden 3.7 g (44 mmol) Allylvinylether (**26**) in ein 5 mL Glasreaktor gegeben. Dieses wurde verschlossen und im Mikrowellenreaktor bei 300 W erhitzt. Der Maximaldruck betrug 6 bar. Nach einer Stunde wurde die Probe abgekühlt. Es fand ein nahezu quantitativer Umsatz statt. Das Produkt wies eine sehr hohe Reinheit auf, weshalb eine weitere Reinigung des Produktes nicht nötig war.

8.2.10 Darstellung von 4-Pentenal im Festbettreaktor

Mit einem Heizbad wurde Acetaldehyddiallylacetal (**21**) erhitzt und über ein erhitztes Festbett geleitet. An dem Festbett war eine Vigreuxkolonne angeschlossen. In der Destillationsbrücke wurden die Produkte kondensiert und in einem Tropftrichter aufgefangen. Über einen Hahn konnten die Fraktionen aufgenommen werden. Die einzelnen Fraktionen wurden mit der GC untersucht. In

Abb. 85 ist die verwendete Apparatur schematisch dargestellt. Die Fraktionen hatten ein Gewicht von 6 -8 g.

Nachdem die Reaktion durchgeführt wurde ist eine zweite Destillation zur Reinigung des 4-Pentenals durchgeführt worden.

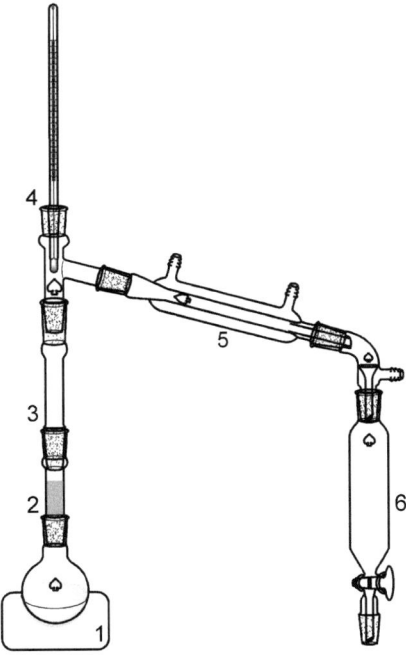

Abb. 85: Schematische Darstellung der verwendeten Festbettapparatur zur Darstellung von 4-Pentenal [1)] Ölbad, [2)] Festbett erhitzt durch ein Heizband, [3)] Destillationskolonne, [4)] Thermometer zum messen der Kopftemperatur, [5)] Destillationsbrücke, [6)] Tropftrichter zur Probenentnahme

Es wurden unterschiedliche Temperaturen für das Heizbad und das Festbett verwendet. Als Festbett diente Aluminiumoxid 90 (neutral, 0.060-0.200 mm) oder Sicapent® (Phosphorpentoxid dotiert auf Siliciumoxid). Bei allen Reaktionen schied sich mit zunehmender Reaktionszeit Kohlenstoff als schwarzer Feststoff auf dem Festbett ab. Infolge dieses Prozesses sanken die Ausbeuten an 4-Pentenal (**27**) im Reaktionsverlauf.

Die höchste Ausbeute von insgesamt 38% wurde bei einer Ölbadtemperatur von 190 °C und einer Temperatur von 240 °C im Festbett (Aluminiumoxid) erhalten. In Tab. 12 bis Tab. 16 (Anhang B; Seite 144) sind die Ergebnisse der durchgeführten Experimente mit den entsprechenden Bedingungen dargestellt.

8.2.11 Darstellung von 4-Pentensäurepent-4-enylester

Es wurden 30.8 g (367 mmol) 4-Pentenal (**27**) auf 0 °C gekühlt und bei dieser Temperatur mit 2.5 mol% Diisobutylaluminiumhydrid gelöst in Toluol (1 M) versetzt. Nach vollständiger Zugabe wurde die Kühlung entfernt und die Reaktionslösung für 12 Stunden bei Raumtemperatur gerührt. Zur Reinigung wurde das Reaktionsprodukt unter vermindertem Druck bei einer Temperatur von 60 °C (0.27 mbar) destilliert. Es wurden 22.7 g (134 mmol) der klaren Flüssigkeit erhalten. Dies entspricht einer Ausbeute von 73%.

4-Pentensäurepent-4-enylester (**2**)
Summenformel: $C_{10}H_{16}O_2$
Molekulargewicht: 168.23 g/mol
Ausbeute: 73%
Siedepunkt: 60 °C (0.27 mbar)

^{1}H-NMR (400 MHz, CDCl$_3$): δ [ppm] = 5.91 – 5.73 (m, 2H, H-2, H-9), 5.14 – 4.93 (m, 4H, H-10, H-1), 4.09 (t, $^3J_{H,H}$ = 6.6, 2H, H-6), 2.48 – 2.31 (m, 4H, H-3, H-8), 2.13 (dd, J = 7.1, 14.2, 2H, H-4), 1.78 – 1.67 (m, 2H, H-7).

^{13}C NMR (101 MHz, CDCl3) δ = 173.5 (C-5), 137.9 (C-9), 137.1 (C-2), 115.9 (C-10), 115.7 (C-1), 64.2 (C-6), 33.9 (C-8), 30.4 (C-7), 29.3 (C-3), 28.2 (C-4).

8.2.12 Darstellung von 4-Pentensäure und 4-Pentenol

Es wurde 1 eq. 4-Pentensäurepent-4-enylester (**2**) wurden mit 2 eq. Kaliumhydroxid gelöst in Wasser hinzugegeben. Das Zweiphasengemisch wurde für 18 Stunden unter kräftigem Rühren unter Rückfluss erhitzt. Während der Reaktion ging die Emulsion in eine Lösung über. Anschließend wurde das im Reaktionsgemisch vorhandene 4-Pentenol (**4**) dreimal mit Diethylether extrahiert. Die vereinten organischen Phasen wurden dann mit Natriumsulfat getrocknet und das Lösungsmittel wurde entfernt. Es wurde 4-Pentenol (**4**) als klare Flüssigkeit mit einer maximalen Ausbeute von 89% erhalten. Die verbleibenden wässrigen Phasen wurden mit konz. Salzsäure auf einen pH-Wert von 1 eingestellt. Die wässrige Phase wurde dreimal mit Diethylether extrahiert. Die vereinten organischen Phasen wurden über Natriumsulfat getrocknet und das Lösungsmittel wurde entfernt. Es wurde 4-Pentensäure (**3**) als klare Flüssigkeit mit einer maximalen Ausbeute von 83% erhalten.

4-Pentensäure (3)

Summenformel: C$_5$H$_8$O$_2$

Molekulargewicht: 100.12 g/mol

Ausbeute: 83%

Siedepunkt: 187 °C

^{1}H-NMR (400 MHz, CDCl$_3$): δ [ppm] = 12.02 (s, 1H,H-1), 5.88 – 5.78 (m, 1H, H-5), 5.05 (dd, J = 13.7, 22.6, 2H, H-6), 2.49 – 2.42 (m, 2H, H-4), 2.42 – 2.34 (m, 2H, H-3).

^{13}C-NMR (100 MHz, CDCl$_3$): δ [ppm] = 180.3 (C-2), 136.7 (C-5), 116.1 (C-6), 33.7 (C-4), 28.8 (C-3).

4-Pentenol (4)

Summenformel: C$_5$H$_{10}$O

Molekulargewicht: 86.13 g/mol

Ausbeute: 89%

Siedepunkt: 45 °C (30 mbar)

^{1}H-NMR (400 MHz, CDCl3): δ [ppm] = 5.86 – 5.81 (m, 1H, H-5), 5.01 (dd, J = 13.6, 27.3, 2H, H-4), 3.64 (t, J = 6.5, 2H, H-1), 2.14 (dd, J = 7.0, 14.3, 3H, H-3), 1.73 – 1.58 (m, 2H, H-2).

^{13}C-NMR (100 MHz, CDCl$_3$): δ [ppm] = 138.2 (C-4), 114.8 (C-5), 62.1 (C-1), 31.7 (C-3), 30.0 (C-2).

8.2.13 Darstellung von Pent-4-ensäurechlorid

Es wurden 15.0 g (1.0 eq. / 150 mmol) Pent-4-ensäure (3) auf 0 °C gekühlt. Bei dieser Temperatur wurde 28.5 g (1.6 eq. / 240 mmol) Thionylchlorid innerhalb von 5 Minuten hinzugegeben. Nach vollständiger Zugabe wurde das Reaktionsgemisch unter Rückfluss für drei Stunden erhitzt. Nach Beendigung der Reaktion wurde das Produkt bei vermindertem Druck fraktioniert destilliert. Es wurden 16.8 g (142 mmol) der klaren Flüssigkeit erhalten. Dies entspricht einer Ausbeute von 95%.

Pent-4-ensäurechlorid (**28**)

Summenformel: C_5H_7ClO

Molekulargewicht: 118.56 g/mol

Ausbeute: 95%

Siedepunkt: 45 °C (55 mbar)

^{1}H-NMR (400 MHz, CDCl3): δ [ppm] = 5.79 (ddt, J = 6.5, 10.3, 13.1, 1H, H-5), 5.18 – 5.01 (m, 2H, H-4), 3.00 (t, J = 7.2, 2H, H-3), 2.45 (dd, J = 7.0, 13.8, 2H, H-2).

^{13}C-NMR (100 MHz, CDCl$_3$): δ [ppm] = 173.1 (C-1), 134.8 (C-5), 116.9 (C-4), 46.3 (C-3), 28.9 (C-2).

8.2.14 Synthese von 4-Pentensäure-1,1',1''(1,2,3-propantriyl)-ester

Es wurden 0.84 g (1.0 eq. / 9.1 mmol) Glycerin und 2.68 g (2.9 eq. / 26.5 mmol) Triethylamin in 10 mL THF gelöst. Die Lösung wurde auf 0 °C gekühlt und es wurde 3.18 g (3.0 eq / 26.8 mmol) Pent-4-ensäurechlorid (**28**) gelöst in 10 mL THF hinzugegeben. Nach vollständiger Zugabe wurde das Reaktionsgemisch auf RT erwärmt und für 16 Stunden gerührt.
Anschließend wurde das Lösungsmittel entfernt und das Reaktionsprodukt mit DCM und Wasser extrahiert. Die vereinten organischen Phasen wurden über Natriumsulfat getrocknet und das Lösungsmittel abgetrennt. Die Reinigung des Produktes erfolgte mittels Säulenchromatographie. Es wurden 660 mg (1.95 mmol) des farblosen Öles erhalten. Dies entspricht einer Ausbeute von 21%.

4-Pentensäure-1,1',1''(1,2,3-propantriyl)-ester (**24**)

Summenformel: $C_{18}H_{26}O_6$

Molekulargewicht: 338.40 g/mol

Ausbeute: 21%

Siedepunkt: 43 °C (0.27 mbar)

R_f PE/EE (8/1): 0.33

^{1}H-NMR (400 MHz, CDCl3): δ [ppm] = 5.82 (ddt, J = 6.5, 10.3, 13.1, 3H, H-6, H-11), 5.28 (tt, J = 4.3, 5.9, 1H, H-2), 5.11-4.99 (m, 6H, H-7, H-12), 4.32 (dd, J = 4.3, 11.9, 2H, H-1a), 4.17 (dd, J = 5.9, 11.9, 2H, H-1b), 2.50 – 2.34 (m, 12H, H-4, H-5, H-9, H-10).

^{13}C-NMR (100 MHz, CDCl$_3$): δ [ppm] = 172.5 (C-3), 172.1 (C-8), 136.4 (C-6), 136.3 (C-11), 115.67 (C-7,C-12), 69.00 (C-2), 62.17 (C-1), 33.35 (C-9), 33.23 (C-4), 28.70 (C-5, C-10).

8.2.15 Darstellung von Di-4-pentenylcarbonat

Es wurden 22.95 g (1 eq. / 77.34 mmol) Triphosgen (**29**) mit Toluol überschichtet und auf 0 °C gekühlt. Anschließend wurden 50 ml Pyridin (**30**) gelöst in 200 mL Toluol bei 0 °C über eine Stunde hinzugegeben. Nach vollständiger Zugabe bildete sich das Dipyridiniumsalz von Phosgen als gelber Feststoff. Anschließend wurden 40.0 g (6 eq. / 462 mmol) 4-Pentenol (**27**), gelöst in 400 mL Toluol bei einer Temperatur von 0 °C über einen Zeitraum von einer Stunde, hinzugegeben. Nach beendeter Zugabe entfärbte sich das Reaktionsgemisch und es wurde anschließend 17 Stunden bei RT gerührt. Das Reaktionsgemisch wurde mit 150 mL dem. Wasser versetzt und dreimal mit 150 mL DCM extrahiert. Die vereinten organischen Phasen wurden über Natriumsulfat getrocknet und das Lösungsmittel wurde entfernt. Das Produkt wurde anschließend zur Reinigung bei vermindertem Druck destilliert. Es wurden 45.7 g (231 mmol) der farblosen Flüssigkeit erhalten. Dies entspricht einer Ausbeute von 82%.

Di-4-pentenylcarbonat (**18**)

Summenformel: $C_{11}H_{18}O_3$

Molekulargewicht: 198.26 g/mol

Ausbeute: 82%

Siedepunkt: 43 °C (0.27 mbar)

^{1}H-NMR (400 MHz, CDCl3): δ [ppm] = 5.80 (ddt, J = 6.6, 10.2, 16.9, 2H, H-5), 5.11 – 4.95 (m, 4H, H-6), 4.14 (t, J = 6.7, 4H, H-2), 2.15 (dd, J = 7.0, 14.5, 4H, H-4), 1.85 – 1.73 (m, 4H, H-3).

^{13}C-NMR (100 MHz, CDCl$_3$): δ [ppm] = 155.3 (C-1), 137.2 (C-5), 115.4 (C-6), 67.3 (C-2), 29.8 (C-4), 27.8 (C-3).

Experimenteller Teil

8.3 Synthese von Metallkomplexen und Epoxidumlagerung

Bei den Synthesen der Metallkomplexe und bei den Experimenten zu Epoxidumlagerung wurde generell unter Argon als Inertgas und in absoluten Lösungsmitteln gearbeitet, um Feuchtigkeit und Sauerstoff auszuschließen.

8.3.1 Darstellung von 5,10,15,20-Teraphenyl-21H, 23H-porphirin

Es wurden 5.58 g (1.0 eq. / 83.2 mmol) frisch destilliertes Pyrrol (**33**) und 8.50 mL (1.0 eq. / 8.93 g / 84.1 mmol) Benzaldehyd (**32**) in DCM gelöst und mit 0.3 mL Borontrifloruriddiethyletherat versetzt. Die Reaktionslösung wurde 18 Stunden bei RT gerührt. Anschließend wurde 15.4 g (0.08 eq. / 6.30 mmol) 2,3,5,6-Tetrachloro-1,4-(*p*-)-benzoquinon (TCQ) hinzugegeben und für eine Stunde unter Rückfluss erhitzt. Es wurden 20 g Aluminiumoxid 90 neutral hinzugegeben und das Lösungsmittel wurde entfernt. Das auf Aluminiumoxid 90 neutral aufgetragene Rohprodukt wurde anschließend säulenchromatographisch gereinigt. Es wurden 4.02 g (6.54 mmol) des violetten Feststoffes erhalten. Dies entspricht einer Ausbeute von 31%.

5,10,15,20-Teraphenyl-21H, 23H-porphirin (**65**)
Summenformel: $C_{44}H_{30}N_4$
Molekulargewicht: 614.74 g/mol
Ausbeute: 31%

^{1}H-NMR (400 MHz, CDCl3): δ [ppm] = 8.85 (s, 8H, H-3), 8.22 (d, J = 7.1, 8H, H-7), 7.75 (d, J = 6.9, 12H, H-8, H-6), -2.78 (s, 2H, H-1).
^{13}C-NMR (100 MHz, CDCl$_3$): δ [ppm] = 142.20 (C-4) 134.60 (C-7, C-2), 127.75 (C-3), 126.72 (C-8, C-6), 120.19 (C-5).
IR (Totalreflexion): $\tilde{v}$ [cm^{-1}] = 1557 (w), 1472 (w), 1441 (w), 1348 (w), 1072 (w), 980 (w), 965 (m), 796 (m), 696 (s).

8.3.2 Darstellung von Eisen(III)-meso-tetraphenylchlorid

Es wurden 1.02 g (1.63 mmol) der Verbindung **65** mit 5.00 g (3.95 mmol) Eisen-(II)-chlorid in 150 mL DMF gegeben und für 3 Stunden unter Rückfluss erhitzt. Anschließend wurde das auf RT abgekühlte Reaktionsgemisch in 80 mL 2M Salzsäurelösung gegeben. Diese Lösung wurde über Nacht bei RT gerührt. Das Lösungsmittel wurde entfernt und der Rückstand wurde in 250 mL DCM aufgenommen und dreimal mit 2M Salzsäurelösung gewaschen. Die organische Phase wurde über Natriumsulfat getrocknet und mit 300 mg Aluminiumoxid 90 neutral versetzt und das Lösungsmittel wurde entfernt. Das auf das Aluminiumoxid aufgetragene Produkt wurde anschließend mit Aluminiumoxid 90 neutral säulenchromatographisch gereinigt. Es wurden 300 mg (426 µmol) des violetten Feststoffes erhalten. Dies entspricht einer Ausbeute von 26%.

Eisen(III)-meso-tetraphenylchlorid (**66**)
Summenformel: $C_{44}H_{28}ClFeN_4$
Molekulargewicht: 704.02 g/mol
Ausbeute: 26%

FAB-MS: m/z = 668.2 [M-Cl]$^+$.
IR (Totalreflexion): $\tilde{v}$ [cm^{-1}] = 2935 (w), 1729 (w), 1597 (w), 1457 (w), 1340 (w), 1282 (m), 1213 (m), 1202 (m), 4 994 (s), 871 (w), 861 (w), 798 (s), 697 (s).

8.3.3 Darstellung von Eisen(III)-meso-tetraphenyltriflat

Es wurden 200 mg (1.0 eq. / 284 µmol) des Eisen(III)-*meso*-tetraphenylchlorid (**66**) und 71 mg (1.0 eq. / 280 µmol) Silbertriflat in 250 mL DCM gegeben und bei Raumtemperatur für 18 Stunden gerührt. Anschließend wurde das Reaktionsgemisch filtriert um das Silberchlorid zu entfernen. Das organische Lösungsmittel wurde entfernt und es wurden 230 mg (279 µmol) des violetten Feststoffes erhalten. Dies entspricht einer Ausbeute von 98%.

Eisen(III)-meso-tetraphenyltriflat (**Por 1**)
Summenformel: $C_{44}H_{28}ClFeN_4$
Molekulargewicht: 817.63 g/mol
Ausbeute: 98%

FAB-MS: m/z = 668.2 [M-OTf]$^+$, 391.2, 279.1.
IR (Totalreflexion): $\tilde{v}$ [cm^{-1}] = 2925 (w), 1724 (w), 1597 (w), 1487 (w), 1340 (w), 1293 (m), 1223 (m), 1202 (m), 1070 (w), 1003 (s), 994 (s), 892 (w), 887 (w), 798 (s), 738 (m) 697 (s).

8.3.4 1,2-Cyclohexyldiamino-N,N-bis-((3,5-di-tert-butyl)-salicyliden)-eisen(III)-triflat

Summenformel: $C_{37}H_{52}F_3FeN_2O_2S$
Molekulargewicht: 749.72 g/mol
Ausbeute: 53%

Es wurden 0.11 g (1.0 eq. / 0.20 mmol) *N,N*-Bis-((3,5-di-*tert*-butyl)-salicyliden)-1,2-cyclohexyldiamin und 28 mg (1.1 eq. / 0.22 mmol) Eisen(II)-chlorid in 25 mL THF gelöst und drei Stunden bei Raumtemperatur gerührt. Anschließend wurden 44 mg (0.17 mmol) Silbertriflat zu der Reaktionslösung hinzugegeben. Das Rohprodukt wurde anschließend mit Aluminiumoxid 90 neutral säulenchromatographisch gereinigt. Es wurden 79 mg (0.11 mmol) des gelben Feststoffes erhalten. Dies entspricht einer Ausbeute von 53%.

8.3.5 Synthese von 1,2-Phenylendiamino-N,N-bis-((3,5-di-tert-butyl)-salicyliden)-eisen(III)-triflat

Summenformel: $C_{37}H_{46}F_3FeN_2O_2S$
Molekulargewicht: 743.68 g/mol
Ausbeute: 51%

Es wurden 0.12 g (1.0 eq. / 0.22 mmol) *N,N*-Bis-((3,5-di-*tert*-butyl)-salicyliden)-1,2-phenylendiamin und 31 mg (1.1 eq. / 0.24 mmol) Eisen(II)-chlorid in 25 mL THF gelöst und drei Stunden bei Raumtemperatur gerührt. Anschließend wurden 48 mg (0.8 eq. / 0.18 mmol) Silbertriflat zu der Reaktionslösung hinzugegeben. Das Rohprodukt wurde anschließend mit Aluminiumoxid 90 neutral säulenchromatographisch gereinigt. Es wurden 83 mg (0.11 mmol) des Produktes erhalten. Dies entspricht einer Ausbeute von 51%.

8.3.6 Umlagerung von Epoxiden zu Aldehyden (AVV 5)

Der jeweilige Katalysator wurde in einem Schlenkkolben eingewogen und mit den entsprechenden Epoxid (Butyloxiran, Allylglycidylether) und Lösungsmittel (Toluol, Chloroform, Dioxan) versetzt. Dabei betrug die Katalysatorkonzentration jeweils 2 mol% bezogen auf das eingesetzte Epoxid. Anschließend wurde das Reaktionsgemisch für drei Stunden auf die jeweilige Temperatur erhitzt (50 oder 90 °C). Die Analyse der Produkte erfolgte jeweils mittels GC. Die Ergebnisse der Umlagerungsversuche mit Chloroform und Dioxan bei 50 °C sind in Tab. 9 aufgeführt.

Tab. 9: Ergebnisse der Umlagerung in Chloroform bei 50 °C und Dioxan bei 50 °C.

Parameter	Katalysator	Umsatz [%]	Anteil im Produkt [%]		
			n-Bu~~~O (Aldehyd)	n-Bu~~~O (Keton)	weitere Produkte
CHCl$_3$, 50°C	ohne Katalysator	5.9	3.4	0.0	96.6
	(Por 1)	12.6	17.0	0.0	83.0
	(Sal 1)	11.9	38.7	0.0	61.3
	(Sal 2)	12.3	34.1	0.0	65.9
	Sc-(III)triflat	25.6	71.0	3.9	25.1
	Er-(III)triflat	2.8	0.0	0.0	100
Dioxan; 50 °C	ohne Katalysator	1.2	100	0.0	0.0
	(Por 1)	2.1	100	0.0	0.0
	(Sal 1)	0.0	0.0	0.0	0.0
	(Sal 2)	4.4	100	0.0	0.0
	Sc-(III)triflat	66.8	94.8	5.2	0.0
	Er-(III)triflat	13.9	92.8	7.2	0.0

8.4 Ringschlussmetathese zur Synthese von cyclischen Dilactonen

Die Reaktionen wurden unter Argon als Inertgas und mit absoluten Lösungsmitteln durchgeführt, um Feuchtigkeit und Sauerstoff auszuschließen.

8.4.1 Synthese von (E,E)-1,7-Dioxacyclotetradeca-3,9-diene-2,8-dione

Es wurden 1.40 g (9.98 mmol) Acrylsäure-4-pentenylester (**6**) in 500 mL DCM gelöst und mit 1 mol% GH2 versetzt. Die Reaktionslösung wurde unter Rückfluss erhitzt. Eine weitere Katalysatorzugabe von jeweils 1 mol% erfolgte jeweils nach 24 Stunden. Vor der Katalysatorzugabe wurde mittels GC der Umsatz des Eduktes bestimmt. Nach 72 Stunden war das Edukt **6** vollständig umgesetzt. Das Reaktionsprodukt wurde säulenchromatographisch gereinigt. Es wurden 145 mg (651 mmol) des weißen Feststoffes erhalten. Dies entspricht einer Ausbeute von 13%. Der Nachweis, dass es sich ausschließlich um das bicyclische Produkt handelte, wurde mittels NMR-Spektroskopie und GC-MS durchgeführt.

(E,E)-1,7-Dioxacyclotetradeca-3,9-diene-2,8-dione (**19**)

Summenformel: $C_{12}H_{16}O_4$

Molekulargewicht: 224.25 g/mol

Ausbeute: 13%

R_f PE/EE (7/3): 0.67

^{1}H-NMR (400 MHz, CDCl$_3$): δ [ppm] = 7.02 (dt, J = 7.5, 15.4, 2H, H-3), 5.66 (d, J = 15.7, 2H, H-2), 4.34 – 4.20 (m, 4H, H-6), 2.37 (dd, J = 6.6, 11.3, 4H, H-4), 1.93 (dt, J = 5.6, 11.4, 4H, H-5).

^{13}C NMR (101 MHz, CDCl3): δ [ppm] = 166.8 (C-1), 148.5 (C-3), 122.1 (C-2), 63.7 (C-6), 29.1 (C-4), 27.5 (C-5).

GC-MS (EI): m/z(%) = 224 [M]$^+$, 112, 94, 71, 67.

8.4.2 Cyclisierung von Pent-4-ensäureallyester

Es wurden 0.42 g (2.9 mmol) Pent-4-ensäureallyester in 50 mL DCM gelöst und mit 1 mol% Grubbs-Hoveyda II versetzt. Die Reaktionslösung wurde unter Rückfluss erhitzt. Eine weitere Katalysatorzugabe von jeweils 1 mol% erfolgte jeweils nach 24 Stunden. Vor der

Katalysatorzugabe wurde mittels GC der Umsatz des Eduktes bestimmt. Nachdem das Edukt vollständig umgesetzt war, wurde die Reaktion beendet. Das Reaktionsprodukt wurde säulenchromatographisch gereinigt. Es wurden 50 mg (0.22 mmol) des weißen Feststoffs erhalten, dies entspricht einer Ausbeute von 8%. Die Analyse mittels GC, GC-MS (EI), und NMR ergab dass es sich um ein Produktgemisch aus **20** und **21**

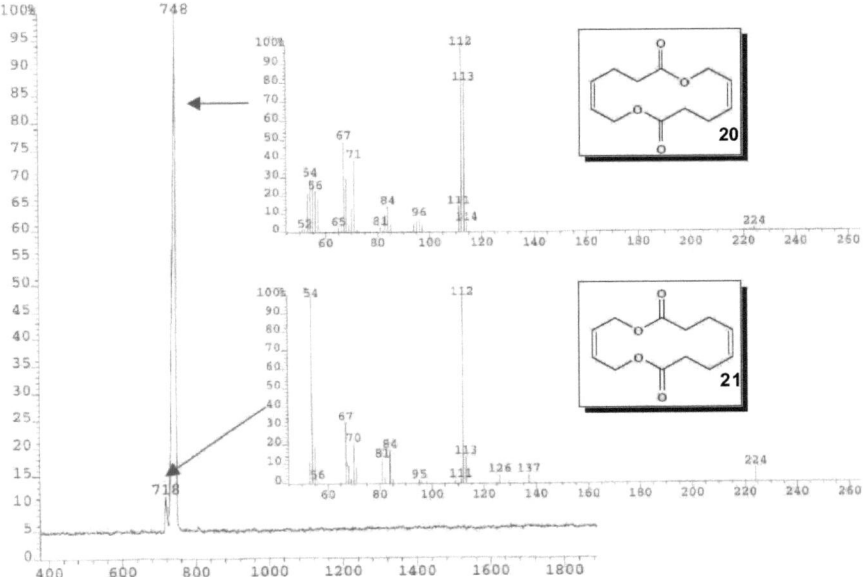

Abb. 86: GC-Chromatogramm mit den entsprechenden Massenspektren der erhaltenen Signale.

Experimenteller Teil

1,8-Dioxacyclotetradec-3,10-en-2,9-dion (**20**)
Summenformel: $C_{12}H_{16}O_4$
Molekulargewicht: 224.25 g/mol
Ausbeute: 8%
R_f PE/EE (7/3): 0.55

^{1}H NMR (400 MHz, CDCl3) δ = 5.78 – 5.67 (m, 2H, H-4), 5.67 - 5.53 (m, 2H, H-5), 4.55 (t, J = 6.9, 4H, H-6), 2.54 – 2.28 (m, 8H, H-2, H-3).
^{13}C NMR (101 MHz, CDCl3): δ [ppm] = 172.7 (C-1), 134.3 (C-4), 126.3 (C-5), 65.0 (C-6), 33.4 (C-3), 28.2 (C-2).
GC-MS (EI): m/z(%) = 224 [M]$^+$ (10),113 (80), 112 (100), 84 (16), 71 (40), 67 (50), 54 (30).

1,6-Dioxatetradec-3,10-en-7,13- dion (**21**)
Summenformel: $C_{12}H_{16}O_4$
Molekulargewicht: 224.25 g/mol
R_f PE/EE (7/3): 0.55

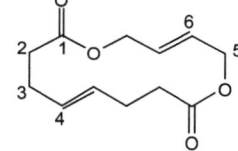

^{13}C NMR (101 MHz, CDCl3): δ [ppm] = 173.0 (C-1), 130.0 (C-6), 129.3 (C-4), 63.4 (C-5), 33.6 (C-3), 28.5 (C-2).
GC-MS (EI): m/z(%) = 224 [M]$^+$ (10), 112 (100), 84 (18), 67 (32), 54 (100).

8.5 ADMET-Polymerisation und Abbau von terminalen Dienen

8.5.1 Allgemeine Arbeitsvorschrift zur ADMET-Polymerisation in Masse (AVV 6)

Die Reaktionen wurden unter Argon als Inertgas und absolutieren Lösungsmitteln durchgeführt, um Feuchtigkeit und Sauerstoff auszuschließen.

Es wurden 0.5-2.5 mol% des Metathesekatalysators in einem Schlenkrohr vorgelegt. Dann wurde das entsprechende Dien als Monomer hinzugegeben. Bei Copolymerisationen wurden beide Edukte miteinander vermischt und zum Metathesekatalysator gegeben. Das Reaktionsgemisch wurde auf die Reaktionstemperatur erhitzt und mechanisch gerührt. Nach 6 Stunden wurde die Reaktionslösung mit Ethylvinylether versetzt um den Katalysator zu deaktivieren. Anschließend konnte der überschüssige Ethylvinylether durch Anlegen eines Vakuums entfernt werden.

8.5.2 Polymerisation von dienterminierten Estern

Die eingesetzten Ester wurden nach der AVV 6 mit dem Grubbs-Hoveyda Katalysator der zweiten Generation (**GH2**) polymerisiert (siehe Abb. 19; Seite 26). Im folgenden Abschnitt sind die erhaltenen Daten der NMR-Analyse dargestellt.

Polymer der 4-Pentensäure-4-pentenylester

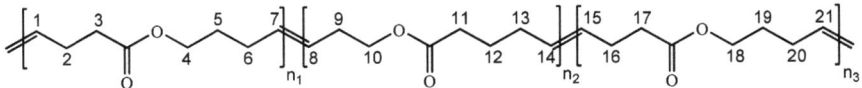

^{1}H-NMR (400 MHz, CDCl$_3$): δ [ppm] = 5.63 – 5.31 (m, 2H, H-1, H-7, H-8, H-14, H-21), 4.16 – 3.98 (m, 2H, H-4, H-14), 2.45 – 2.25 (m, 4H, H-2, H-6, H-9, H-13, H-16, H-20), 2.04 (s, 2H), 1.75 - 1.52 (m, 2H, H-3, H-11, H-17), 1.46 - 1.30 (m, 2H, H-5, H-12, H-19).

Experimenteller Teil

Polymere der α,ω-Diylbispent-4-ensäureester

Es entsteht, aufgrund der Umlagerungsreaktion die bei diesem Monomeren im großen Maße auftritt, eine Vielzahl von Produkten. Aufgrund dessen sind die erhaltenen NMR-Daten nicht einfach zuzuordnen. Die Signale für die unterschiedlichen Alkenprotonen treten im Bereich von 7.10 – 5.30 ppm auf.

^{1}H-NMR (400 MHz, CDCl$_3$): δ [ppm] = 7.08 – 6.81 (m, 0.6H), 5.92 – 5.75 (m, 0.6H), 5.64 – 5.36 (m, 0.6H), 4.20 – 3.93 (m, J = 10.8, 17.6, 4H, H-5), 2.60 – 2.12 (m, 4H, H-2, H-3), 1.64 (s, 4H, H-6), 1.33 (s, 4H, H-7).

^{1}H-NMR (400 MHz, CDCl$_3$): δ [ppm] = 7.03 – 6.84 (m, 0.6H), 6.53 – 6.42 (m, 0.6H), 5.92 - 5.74 (m, 0.6H), 5.74 – 5.36 (m, 0.6H), 4.20 – 4.02 (m, 4H, H-5), 2.41 – 2.13 (m, 4H, H-2), 1.70 – 1.29 (m, 4H, H-3), 1.87 - 1.64 (s, 4H, H-6).

^{1}H-NMR (400 MHz, CDCl$_3$): δ [ppm] = 7.05 – 6.83 (m, 0.5H), 6.51 – 6.40 (m, 0.2H), 5.92 - 5.74 (m, 0.5H), 5.74 – 5.36 (m, 1H), 4.20 – 4.02 (m, 4H, H-5), 2.38 – 2.25 (m, 4H, H-2), 1.70 – 1.29 (m, 4H, H-3).

Experimenteller Teil

ADMET-Polymerisation der Acrylsäure-4-pentenylester

Die Bestimmung des Polymerisationsgrades mittels NMR wurde mit dem geringer werdenden Alkensignal bei 6.45-6.35 ppm und dem konstanten Referenzsignals bei 4.23-4.11 ppm durchgeführt.

^{1}H-NMR (400 MHz, CDCl$_3$): δ [ppm] = 7.09 – 6.88 (m, 1H, H-6), 5.94 – 5.78 (m, 1H, H-1), 4.24 – 4.08 (m, 2H, H-4), 2.31 (dt, J = 4.2, 7.9, 2H, H-2), 1.93 – 1.78 (m, 2H, H-3).
^{13}C-NMR (100 MHz, CDCl$_3$): δ [ppm] = 166.3 (C-5), 148.0 (C-6), 121.7 (C-1), 63.3 (C-4), 28.6 (C-2), 27.0 (C-3).

ADMET-Polymerisation der Pent-4-ensäureallyester

^{1}H-NMR (400 MHz, CDCl$_3$): δ [ppm] = 5.70 – 5.52 (m, 2H, H-1, H-6), 4.56 – 4.49 (m, 2H, H-5), 2.52 – 2.25 (m, 4H, H-3, H-4)

ADMET-Polymerisation des Dipent-4-enylcarbonats

^{1}H-NMR (400 MHz, CDCl$_3$): δ [ppm] = 5.55 – 5.33 (m, 1H, H-5), 4.12 (t, J = 6.5, 2H, H-2), 2.21 – 1.95 (m, 2H, H-4), 1.82 - 1.61 (m, 2H, H-3).

8.5.3 Allgemeine Arbeitsvorschrift zur ADMET-Polymerisation im Lösungsmittel (AVV 7)

Es wurden 0.5-2.5mol % bezogen auf das eingesetzte Monomer des Metathesekatalysators in einem Schlenkkolben eingewogen. Dann wurde Lösungsmittel und das entsprechende Dien als Monomer hinzugegeben. Das Reaktionsgemisch wurde mit einem Heizbad temperiert und unter Rückfluss erhitzt. Nach 6 Stunden wurde die Reaktionslösung mit Ethylvinylether versetzt, um den Katalysator zu deaktivieren und das Lösungsmittel wurde entfernt. Anschließend wurde das Polymer in DCM gelöst und in auf -90 °C gekühltem Methanol umgefällt. Das jeweilige Polymer schied sich als brauner Feststoff ab. Dieser wurde dann mit einer Glasfritte G4 (Nennweite der Poren 10-16 µm) abfiltriert und anschließend im Vakuum getrocknet.

ADMET-Polymerisation Dipent-4-enylisophtalsäurediester

Die Polymerisationen wurden mit einer Katalysatorkonzentration von 1.0-1.5 mol% durchgeführt. Als Lösungsmittel wurde Chloroform verwendet (0.4 ml bei 1 mol% Katalysator und 0.2 mol% bei 1.5 mol%). Die Auswertung mittels NMR wurde mit dem geringer werdenden Alkensignal bei 5.07-4.93 ppm und dem konstanten Referenzsignal bei 4.35-4.23 ppm durchgeführt.

^{1}H-NMR (400 MHz, CDCl$_3$): δ [ppm] = 8.02 (s, 4H, H-7), 5.58-5.34 (m, 2H, H-1), 4.26 (d, J = 6.1, 4H, H-4), 2.10 (s, 4H, H-2), 1.77 (t, 4H, J = 4.4, H-3).
^{13}C-NMR (100 MHz, CDCl$_3$): δ [ppm] = 166.2 (C-5), 134.5 (C-6), 130.3 (C-7), 129.9 (C-1), 65.2 (C-4), 29.3 (C-2), 28.8 (C-3).

Experimenteller Teil

ADMET-Polymerisation Dipent-4-enylterephtalsäurediester

Die Polymerisationen wurden mit einer Katalysatorkonzentration von 1.0-2.0 mol% durchgeführt. Als Lösungsmittel wurden jeweils 0.4 mL Chloroform verwendet. Die Auswertung mittels NMR wurde mit dem geringer werdenden Alkensignal bei 5.03-4.91 ppm und dem konstanten Referenzsignal bei 4.25-4.20 ppm durchgeführt.

^{1}H-NMR (400 MHz, CDCl$_3$): δ [ppm] = 8.60 (s, 1H, H-9), 8.14 (dd, J = 1.6, 7.7, 2H, H-7), 7.45 (t, J = 7.7, 1H, H-8), 5.62 – 5.35 (m, 2H, H-1), 4.28 (t, J = 6.6, 4H, H-4), 2.23 – 2.06 (m, 4H, H-2), 1.88 – 1.74 (m, 4H, H-3).

^{13}C-NMR (100 MHz, CDCl$_3$): δ [ppm] = 166.2 (C-5), 134.1 (C-1), 131.3 (C-7), 131.1 (C-9), 130.0 (C-6), 128.0 (C-8), 65.2 (C-4), 29.3 (C-2), 28.8 (C-3).

ADMET-Polymerisation von Dipent-4-enyl-4-hexan-1,6-diylamid

^{1}H-NMR (400 MHz, CDCl$_3$): δ [ppm] = 5.97 – 5.44 (m, 2H, H-1), 3.39 – 3.14 (m, 2H, H-6), 2.54 – 2.14 (m, 2H, H-2), 1.79 – 1.59 (m, 2H H-3), 1.60 – 1.40 (m, 2H, H-7), 1.39 - 1.19 (m, 2H, H-8)

ADMET-Polymerisation von Dipent-4-enyl-4-methyl-1,3-phenylendicarbamat

^{1}H-NMR (400 MHz, CDCl$_3$): δ [ppm] = 7.85 – 7.58 (m, 1H, H-13), 7.39 – 7.13 (m, 2H, H-9, H-10), 7.13 – 6.96 (m, 1H, H-6), 6.71 – 6.38 (m, 1H, H-14), 5.58 – 5.35 (m, 2H, H-19, H-1), 4.34 – 4.01 (m, 4H, H-4, H-16), 2.54 – 2.26 (m, 3H, H-13), 2.26 – 1.95 (m, J = 34.6, 4H, H-2, H-18), 1.85 – 1.53 (m, 4H, H-3, H-17).

Experimenteller Teil

ADMET-Polymerisation von Dipent-4-enyl-4-hexan-1,6-diylcarbamat

^{1}H-NMR (400 MHz, CDCl$_3$): δ [ppm] = 5.59 – 5.34 (m, 1H, H-1), 4.17 – 3.97 (m, 2H, H-4), 3.25 – 3.03 (m, 2H, H-7), 2.43 – 1.96 (m, J = 97.6, 2H, H-2), 1.84 – 1.58 (m, 2H, H-3), 1.57 – 1.42 (m, 2H, H-8), 1.39 – 1.30 (m, 2H, H-9).

8.5.4 Allgemeine Arbeitsvorschrift zur Umesterung der Polymere (AVV 7)

Es wurden ca. 20 mg des Polyesters mit einem Überschuss Methanol (4 mL) und mit 4 Tropfen konz. Schwefelsäure versetzt.[70] Das Reaktionsgemisch wurde anschließend für mindestens 14 Stunden unter Rückfluss erhitzt. Der Methanolüberschuss wurde bei 40 °C und vermindertem Druck (100 mbar) entfernt. Der Rückstand wurde in Diethylether aufgenommen und mit einer kurzen Säule, welche mit aktivierten basischen Aluminiumoxid 90 (0.063-0.200 mm) befüllt war, filtriert. Der Diethylether wurde bei vermindertem Druck entfernt. Der Rückstand wurde in THF in der Konzentration 1 mg/mL gelöst und es wurden 1 µL der Lösung mittels GC (FID) bzw. GC-MS (EI) untersucht.

In den folgenden Abschnitt sind die erhaltenen Massenspektren der Dicarbonsäuredimethylester dargestellt (siehe Kap. 5.2.1; Seite 69).

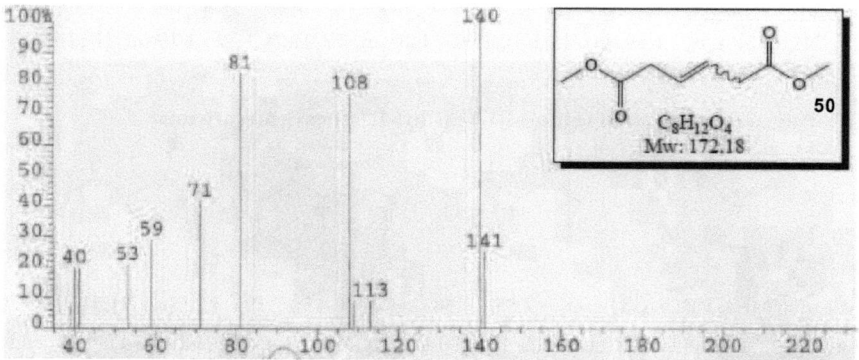

Abb. 87: Massenspektrum des Dicarbonsäuredimethylesters mit der Retentionszeit 342 s.

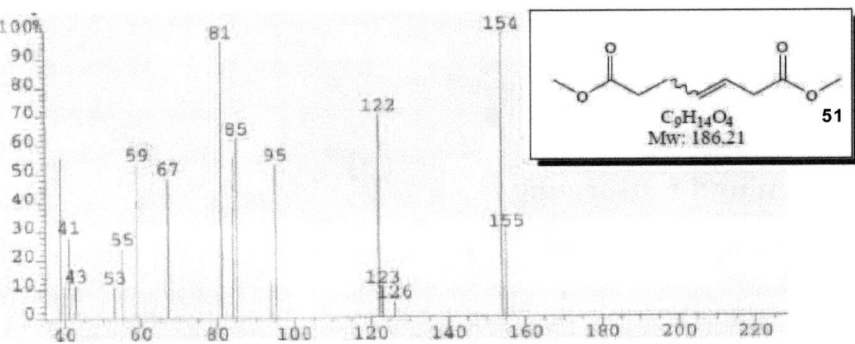

Abb. 88: Massenspektrum des Dicarbonsäuredimethylesters mit der Retentionszeit 426 s.

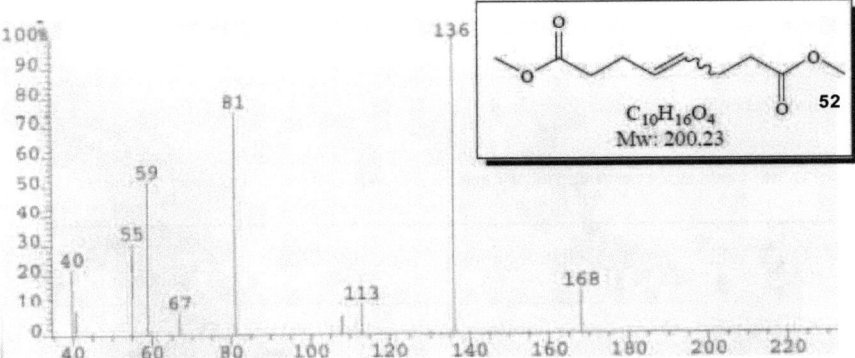

Abb. 89: Massenspektrum des Dicarbonsäuredimethylesters mit der Retentionszeit 514 s.

9. Kapitel

Sicherheit und Entsorgung

Die verwendeten Gefahrstoffe wurden gemäß den Bestimmungen des Chemikaliengesetzes und der Gefahrstoffverordnung entsorgt.[92] Die Sicherheitsdaten der verwendeten Chemikalien sind in Tab. 10 aufgeführt.

Nach der Trennung in halogenhaltig und halogenfrei wurden die verwendeten Lösungsmittel in die vorgesehenen Sammelbehälter überführt und der Entsorgung zugeführt. Feststoffe und kontaminierte Betriebsmittel wurden nach dem Trocknen in den dafür vorgesehenen Behältern gesammelt und ebenfalls der Entsorgung zugeführt.

Tab. 10: Verwendete Chemikalien mit den entsprechenden Hazard und Precautionary Statements.

Chemikalie	GHS Symbol	Hazard statements	Precautionary statements
1,2-Ethandiol	GHS07	H302	
1,2-Phenylendiamin	GHS06, GHS08, GHS09	H351-H341-H332-H312-H301-H319-H317-H410	P281-P273-P302 + P305 + P351 + P338-P309 + P310
1,3-Bis-(2,4,6-trimethylphenyl)-2-imidazolidinyliden)dichloro(o-isopropoxyphenylmethylen)ruthenium		H301-H315-H319-H331-H335-H400	P261-P273-P301 + P310-P305 + P351 + P338-P311
1,4-Butandiol	GHS07	H302-H336	P261
1,6-Hexamethylendiamin	GHS05, GHS07	H302-H312-H314-H335	P261-P280-P305 + P351 + P338-P310
1,6-Hexandiol	GHS07	H319	P305 + P351 + P338

Sicherheit und Entsorgung

Chemikalie	GHS Symbol	Hazard statements	Precautionary statements
2,2'-Azobis-(2-methylbutyronitrile)		nicht vollst. geprüfter Stoff	
2,2-Dimethyl-1,3-dioxacyclohept-5-en		nicht vollst. geprüfter Stoff	
2-Hexanon	GHS02, GHS07	H226, H332	P210-P233-P240-P241
4-Pentenal	GHS02, GHS07	H225-H302-H312-H332	P210-P233-P240-P241
4-Pentenol	GHS02	H226	
4-Pentensäure	GHS05, GHS07	H302-H314	P280-P305 + P351 + P338-P310
4-Pentensäure-4-Pentenylester		nicht vollst. geprüfter Stoff	
4-Pentensäurechlorid	GHS02, GHS05	H226-H314	P280-P305 + P351 + P338-P310
Acetaldehyddiallylacetal	nicht volls. geprüfter Stoff		
Aceton	GHS02, GHS07	H225-H319-H336	P210-P261-H305 + P351 + P338
Acetondiallylketal		nicht vollst. geprüfter Stoff	
Acrylsäure-4-pentenylester		nicht vollst. geprüfter Stoff	
Allylalkohol	GHS02, GHS06, GHS09	H225-H301-H311-H315-H319-H331-H335-H400	P210-P261-P273-P280-P301 + P310-P305 + P351 + P338
Allylglycidylether	GHS02, GHS05, GHS07, GHS08	H226-H302-H315-H317-H318-H332-H335-H341-H51-H361f-H412	P261-P273-P280-P305 + P351 + P338
Allylvinylether	GHS05, GHS07	H225-H302-H312-H319-.H335	P210-P240-P241-P242-P243-P261-P264-P80

Sicherheit und Entsorgung

Chemikalie	GHS Symbol	Hazard statements	Precautionary statements
Argon	-	-	-
Benzaldehyd	GHS07	H302	
Butanal	GHS02	H225	P210
Butyloxiran	GHS02, GHS07	H226-H315-H319-H335	P261-P305 + P351 + P338
Chloroform	GHS07, GHS08	H302-H315-H351-H373	P281
Cyclopentanon	GHS02, GHS07	H226-H315-H319	P305 + P351 + P338
Cyclopentatondiallylketal		nicht vollst. geprüfter Stoff	
Dichlormethan	GHS08	H351	P281
Diethylether	GHS02, GHS07	H224-H302-H336	P210-P261
Dimethylsulfoxid	-	-	-
Dioxan	GHS02, GHS07, GHS08	H225-H319-H335-H351	P210-P261-P281-P305 + P351 + P338
Dipent-4-enylisophtalsäurediester		nicht vollst. geprüfter Stoff	
Dipent-4-enylterephtalsäurediester		nicht vollst. geprüfter Stoff	
Eisen(III)-chlorid	GHS06, GHS07	H302-H315-H318	P280-P305 + P351 + P338
Eisen(III)-*meso*-tetraphenylchlorid		nicht vollst. geprüfter Stoff	
Eisen(III)-*meso*-tetraphenyltriflat		nicht vollst. geprüfter Stoff	
Erbium(III)-triflat	GHS07	H315-H319-H335	P261-P305 + P351 + P338
Essigsäure	GHS02, GHS05	H226-H314	P280-P305 + P351 + P338-P310
Ethanal	GHS02	H225	P210

Sicherheit und Entsorgung

Chemikalie	GHS Symbol	Hazard statements	Precautionary statements
Ethanol	GHS02	H225	P210
Ethylacetat	GHS02, GHS07	H225-H319-H336	P210-P261-P305 + P351 + P338
Hexamethylendiisocyanat	GHS06, GHS08	H315-H317-H319-H331-H334-H335	P261-P280-P305 + P351 + P338-P311
Isophtalsäuredichlorid	GHS05, GHS07	H312-H314	P280-P305 + P351 + P338-P310
Kaliumhydroxid	GHS05, GHS07	H302-H314	P280-P305 + P351+ P338-P310
Methanol	GHS02, GHS06, GHS08	H225-H301-H311-H331-H370	P210-P260-P280-P301 + P310-P311
N,N'-1,2-Ethandiamindipent-4-enamid	nicht vollst. geprüfter Stoff		
N,N'-1,6-Hexandiamindipent-4-enamid	nicht vollst. geprüfter Stoff		
Natriumchlorid	-	-	-
Natriumsulfat	-	-	-
Pent-4-ensäureallyester	nicht vollst. geprüfter Stoff		
Petrolether 50-70	GHS02, GHS07, GHS08, GHS09	H225-H304-H315-H336-H361d-H373-H441	P210-P261-P273-P281-P301 + P310-P331
Pyridin	GHS02, GHS07	H225-H302-H312-H332	P210-P280
Scandium(III)-triflat	GHS 07	H315-H319-H335	P261-305 + P351 + P338
Silbertriflat	GHS07	H315-H319-H335	P261-P305 + P351 + P338
Terephthalsäuredichlorid	GHS05, GHS06	H314-H331	P261-P280-P305 + P351 + P338-P310
Tetraphenylporphyrin	nicht vollst. geprüfter Stoff		

Chemikalie	GHS Symbol	Hazard statements	Precautionary statements
Tolulendiisocyanat (TDI)	GHS06, GHS08	H315-H317-H330-H334-H335-H351-H412	P260-P273-P280-P284-P305 + P351 + P338-P310
Thionylchlorid	GHS05, GHS07	H302-H314-H332	P280-P305 + P351 + P338-P310
Toluol	GHS02, GHS07, GHS08	H225-H304-H315-H336-H361d-H373	P210-P261-P281-P301 + P310-P331
Triethylamin	GHS02, GHS05, GHS07	H225-H302-H312-H332	P210-P280-P305 + P351 + P338-P310
Triphosgen	GHS05, GHS06	H314-H330	P206-P280-P284-P305 + P351 +P338-P310

Die entsprechenden GHS-Gefahrensymbole der verwendeten Chemikalien sind in Tab. 11 dargestellt.

Tab. 11: GHS-Sicherheitssymbole mit den entsprechenden Abkürzungen

10. Kapitel

Literatur

[1] R. K. Rachauri, A. Reisinger, *Climate Change 2007: Synthesis Report*, hrsg. UNEP, Inergovermental Panel on Climate Change, Genf, **2007**.

[2] H. Rempel, H. G. Babies, *Energierohstoffe 2009*, hrsg. Bundesanstalt für Geowissenschaften und Rohstoffe, Hannover, **2009**.

[3] N. Tanaka, *World Energy Outlook 2010*, hrsg. International Energy Agency, Organisation for Economic Co-operation and Development, Paris, **2010**.

[4] Gesetz zur Änderung der Förderung von Biokraftstoffen, *Bundesgesetzblatt*, Teil I Nr. 41, **2009**.

[5] K. Kliem, *Biodiesel Capacity 2011*, hrsg. Union zur Förderung von Öl und Proteinpflanzen, Berlin, **2011**.

[6] G. Knothe, J. Krahl, J. V. Gerpen, *The biodiesel handbook*, 2. Aufl., AOCS Press, Illinois, **2004**.

[7] Thieme RÖMPP online, *URL: http://www.roempp.com/prod/*, Stichwort: Glycerin, **10/2011**.

[8] M. Pagliaro, R. Ciriminna, H. Kimura, M. Rossi, C. D. Pina, *Angew. Chem*, 119, **2007**, 4516-4522.

[9] H. Fukuda, A. Kondo, H. Noda, *J. of Biosci. and Bioeng.*, 92, **2001**, 405-416.

[10] D. M. Alonso, J. Q. Bond, J. A. Dumesic, *Green Chem.*, 12, , **2010**, 1493–1513.

[11] Patent EP 0101045, *Glycerol Ester Hydrolase and method for its production*, Eastman Kodak Company, **1983**.

[12] A. P. Zeng, Biebl, *Adv. Biochem. Eng.*, 74, **2002**, 239-259.

[13] J. Taylor, *Glycerin price*, ICIS Pricing, Reed Business Information Limited (Elsevier Group), **2011**.

[14] V. Calvino-Casilada, M. O. Guerrero-Perez, M. A. Bañares, *App. Cata. B Enviro.* 95, **2010**, 192-196.

[15] R. R. Sonares, D. A. Simonetti, J. A. Dumesic, *Angew. Chem.*, 118, **2006**, 4086.

[16] R. Cirininna, G. Palmisano, C. D. Pina, M. Rossi, M. Pagilaro, *Tetrahedron Let.*, 47, **2006**, 6993-6995.

Literatur

[17] Patent US 5308365, *Diesel Fuel*, ARCO Chem. Tech. L.P., **1993**.

[18] Patent EP 373230, *Process for the microbiological preparation of 1,3-propane-diol from glycerol*, Unilever NV., **1988**.

[19] E. Arceo, P. Mardsen, R. G. Bergman, J. A. Ellman, *Chem. Comm.*, 23, **2009**, 3357-3359.

[20] Thieme RÖMPP online, *URL:* http://www.roempp.com, *Stichwort: Acetaldehyd*, **6/2010**.

[21] A.Renken; *Technische Chemie*, 1. Aufl., Wiley-VCH, Weinheim, **2006**.

[22] H. Nair, C. D. Baetsch, *J. of Cat*, 258, **2008**, 1-4.

[23] DE 102006020842A1, *Verfahren zur Herstellung von Aldehyden und Alkenen*, Krause-Röhm-Systeme AG, **2007**.

[24] Eurostat, PlasticsEurope Market Research Group, *Plastics – the facts*, **2010**.

[25] H. G. Elias, *Makromoleküle, Band 4*, Wiley-VHC, 6. Aufl. **2003**.

[26] P. Nanetti, *Lackrohstoffkunde*, Vincentz Verlag, 1. Aufl. **1997**.

[27] Güngör Gündüz, *The Polymeric Materials Encyclopedia*, CRC Press Inc, **1996**.

[28] PCI Nylon, Branchenreport: „World PA6 & PA66 Supply/Demand Report 2011", **2011**.

[29] D. Ulbrich, M. Vollmer, *Nachrichten aus der Chemie*, 50, **2002**, 346-357.

[30] R. Leppkes, *Polyurethane*, Verlag Moderne Industrie, 5. Aufl., **2003**.

[31] C. G. Seerfried Jr., J. V. Koleske, F. E. Critchfield, *J. App. Pol. Sci.*, 19, **1975**, 2493-2502.

[32] B. Tieke, *Makromolekulare Chemie*, Wiley-VCH, 2. Aufl., **2000**.

[33] R. R. Schrock, *Angew. Chem. Int. Ed.*, 45, **2006**, 3748 – 3759.

[34] R. L. Banks, G. C. Bailey, *Ind. Eng. Chem. Prod. Res. Dev.*, 3, **1964**, 170–173.

[35] G. Natta, G. Dall'Asta, F. Mazzanti, *Angew. Chem. Znten. Ed.*, 3, **1964**, 723-729.

[36] E. F. Lutz, *J. Chem. Educ.*, 63, **1986**, 204-205.

[37] B. Reuben, H. Wittcoff, *J. Chem. Educ.*,65, **1988**, 605-607.

[38] K. Weissermel, H. J. Arpe: *Ind. Org. Chem.*, Wiley-VCH, 3. Aufl., **1997**.

[39] K. J. Ivin, *J. Molec. Cat. A: Chem.* 133, **1998**. 1–16.

[40] S. Scholl, C. Ding, C. W. Lee, R. H.Grubbs, *Org. Lett.*, 1, **1999**, 953-956.

[41] C. Elschenbroich, *Organometallchemie*, Vieweg/Teubener, 6. Aufl., **2008**.

[42] R. Schrock, A. H. Hoveyda, *Angew. Chem.*, 115, **2003**, 4740-4782.

[43] K. H. Dötz, *Angew. Chem.,* 96, **1984**, 573-576.

[44] P. Schwab, R. H. Grubbs, J. W. Ziller, *J. Am. Chem. Soc, 118.* **1996**,100-110.

[45] M. Bieniek, A. Michrowska, Ł. Gułajski, K. Grela, *Organometallics*, 26, **2007**, 1096-1099.

[46] S. Imbhof, S. Randl, S. Blechert, , *J. Chem. Soc., Chem. Commun.*, **2001**, 1692-1693.

[47] J. L Herrison, Y. Chauvin, *Makromol. Chem.*, 141, **1970**, 161-165.

[48] P. E. Romero, W. E. Piers, *J. Am. Chem. Soc.*, 127, **2005**, 5032-5033.
[49] D. F. Taber, K. J. Frankowski, *J. of Org. Chem.*, 68, **2003**, 6047-6048.
[50] Z. Wu, A.D. Benedictino, R.H. Grubbs, *Macromolecules*, 26, **1993**, 4975.
[51] C. W. Lee, R. H. Grubbs, *J. Org. Chem.*, 66, **2001**, 7155-7158.
[52] B. Schmidt, *Europ. J. Org. Chem.*, 9, **2004**, 1865-1880.
[53] S. E. Lehman, Jr. J. E. Schendeman, P. M. O'Donnel, K. B. Wagener, *Inorg. Chemica Acta*, 345, **2003**, 190-198.
[54] S. H. Hong, M. W. Day, R. H. Grubbs, *J. Am. Chem. Soc.*, 126, **2004**, 7414-7415.
[55] D. Bourgeois, A. Pancazi, S. P. Nolan, J. Prunet, *J. Organometallic. Chem.*, 643-644, **2002**, 247-252.
[56] J. C. Sworen, J. A. Smith, J. M. Berg, K. B. Wagener, *J. Am. Chem. Soc*, 126, **2004**, 11238-11246
[57] G. B. Djigoué, M. A. R. Meier, *App. Cat A: Gen.*, 368, **2009**, 158-162.
[58] W. H. Carothers, *J. Am. Chem. Soc.*, 51, **1929**, 2548-2559.
[59] A. Bär, *Ungesättigte Polyester basierend auf der katalytischen Umwandlung von Glycerin*, Diplomarbeit, Universität Hamburg, **2009**.
[60] S. Scheel, *Synthese neuartiger Polyester auf Basis von Glycerin*, Diplomarbeit, Universität Hamburg, **2010**.
[61] Y. S. Hon, C. P. Chang, Y. C. Wong, *Tetrahedron Let.*, 45, **2004**, 3313–3315.
[62] C. D. Hurd, M. A. Pollack, *J. Am. Chem.*, 60, **1938**, 1905-1911.
[63] C. D. Edlin, J. Faulkner, P. Quayle, *Tetrahedron Let.*, 47, **2006**, 1145-1151.
[64] Patent EP 0287956A2, *Verfahren zu Herstellung von 5-Formylvalariansäureestern oder den entsprechenden Acetalen*, BASF AG., **1988**.
[65] Einige Experimente dieses Abschnittes wurden in der von mir betreuten Bachelorarbeit durchgeführt.
D. Szopinski, *Neuartige Polymere auf Basis von Glycerin-Derivaten*, **2010**.
[66] Einige Experimente dieses Abschnittes wurden in der von mir betreuten Bachelorarbeit durchgeführt.
A. Feld, *Synthese von Polymeren auf Basis von nachwachsenden Rohstoffen*, **2010**.
[67] S. Nimgirawath, *Aust. J. Chem.*, 47, **1994**, 957-962.
[68] W. B. Ho, C. Broka, *J. Org. Chem.*, 65, **2000**, 6743-6748
[69] J. R. T. Vinson et al., *J. Org. Chem.*, 60, **1995**, 109-114.

Literatur

[70] Einige Experimente dieses Abschnittes wurden in der von mir betreuten Bachelorarbeit durchgeführt.

M. Rogaczewski, *Neue Polymerarchitekturen auf Basis von Glycerin*, **2010**.

[71] A. Choualeb, J. Rosé, P. Braunstein, R. Welter, *Organometallics*, 22, **2003**, 2688-2693

[72] Franziska Krause, *Entwicklung von Monomeren aus Vanillin für Polyester sowie biologisch abbaubarer Polyesterwerkstoffe*, Diss., Universität Hamburg, **2011**.

[73] B. Volmert, *Grundiss der Makromolekularen Chemie*, Verlag Karlsruhe, 1. Aufl, **1988**.

[74] Y-S. Hok, N. E. Schore, *J. Org. Chem.*, 71, **2006**, 1736-1738.

[75] Y-S. Hon, Y-C. Wong, C-P. Chang, C-H. Hsieh, *Tetrahedron*, 63, **2007**, 11325-11340.

[76] M. B. Smith, J. March, *March's Advanced Organic Chemistry*, Wiley & Sons, 6. Aufl., **2007**.

[77] G. Adames, C. Bibby, R. Grigg, *J. Chem. Soc., Chem. Commun.*, **1972**, 491-492.

[78] F. Martínez, C. Campo, E. F. Llama, *J. Chem. Soc., Perkin Trans. 1*, **2000**, 1749-1751.

[79] A. Yanagisawa, K. Yasue, H. Yamamoto, *J. Chem. Soc., Chem. Commun.*, **1994**, 2103-2104.

[80] K. Suda, K. Baba, S. Nakajima, T. Takanami, *Tetrahedron Let.*, 40, **1999**, 7243-7246.

[81] A. Tagarelli et al., *Synlett*, 14, **2004**, 2633-2635.

[82] S. Sarkar et. al., *Tetrahedron Let.*, 48, **2007**, 7287–7290.

[83] M. Bold, *Metalloporphirin-katalysierte Oxidationsreaktionen*, Diss., Phillipps Universität Marburg, **2008**.

[84] K. D. Karlin et. al., *Inorganic Chemistry*, 40, **2001**, 5754-5767.

[85] W. Nam, S. W. Jin, M. H. Lim, J. Y. Ryu, C. Kim, *Inorg. Chem.*, 41, **2002**, 3647-3652.

[86] K. Oyaizu, E. Tsuchida, *Inorg. Chem. Acta*, 355, **2003**, 414-419.

[87] V. I. Petkovsska, T. E. Hopkins, D. H. Powell, K. B. Wagener, *Anal. Chem.*, 78, **2006**, 3624-3631.

[88] F. C. Courchay, J.C. Sworen, K. B. Wagener, *Macromolecules*, 36, **2003**, 8231-8239.

[89] L. M. Espinosa, M. A. R. Meier, *Chem. Commun.*, 47, **2010**, 1908-1910.

[90] K. Terada, E. B. Breda, K. B. Wagener, F. Sanda, *Macromolecules*, 40, **2008**, 6041-6046.

[91] Einige Experimente dieses Abschnittes wurden in der von mir betreuten Bachelorarbeit durchgeführt.

A. Wirt, *Glycerin als Ausgangsstoff für neuartige Polymere*, **2011**.

[92] *Gefahrstoffverordnung und Chemikaliengesetz, Anhang I-IV, MAK-Werte-Liste etc., Technische Regeln für Gefahrstoffe*, Verlagsgesellschaft.

11. Kapitel

Anhang

11.1 Anhang A

Temperaturverlauf im Mikrowellenreaktor

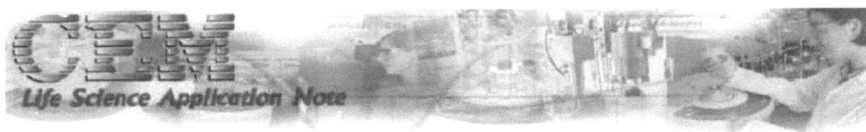

Reaction
SG 89 SG81   User: Niehaus   10mL Vessel   Snap Cap

Method Parameters

Name: SG81

Type: Dynamic

Prestirring(mm:ss): 00:00

Stage	Temp(C)	Time(hh:mm:ss)	Pressure(BAR)	Power(W)	PowerMAX	Stirring
1	200	01:30:00	17,0	300	No	High

Graphs

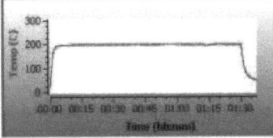 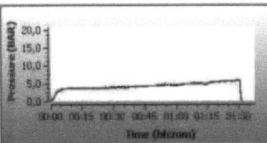 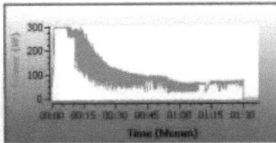

Method Summary

Reaction started: 26.06.2009 14:40:11
Temperature setpoint reached: 26.06.2009 14:48:00
Reaction cooling started: 26.06.2009 16:10:13
Cooling/Reaction ended: 26.06.2009 16:17:24

Reaction Completed Successfully!

Maximum temperature: 201 C
Maximum pressure: 6 BAR
Time to obtain setpoint: 07:49 mm:ss
Time at setpoint: 01:22:13 mm:ss
Time cooling: 07:11 mm:ss

Abb. 90: Temperatur-, Ernergieeintrags- und Druckverlauf der Claisenumlagerung von Allylvinylether.

Reaction

SG 81 SG81   User: Niehaus   10mL Vessel   Snap Cap

Method Parameters

Name: SG81
Type: Dynamic

Prestirring(mm:ss): 00:00

Stage	Temp(C)	Time(hh:mm:ss)	Pressure(BAR)	Power(W)	PowerMAX	Stirring
1	150	01:00:00	17,0	300	No	High

Graphs

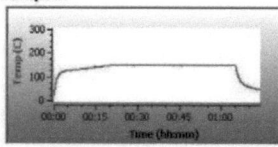 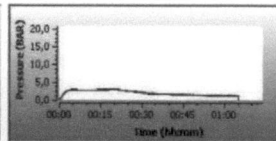 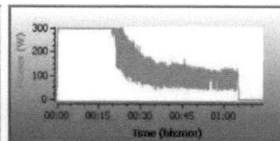

Method Summary

Reaction started: 02.06.2009 15:28:50
Temperature setpoint reached: 02.06.2009 15:48:41
Reaction cooling started: 02.06.2009 16:33:52
Cooling/Reaction ended: 02.06.2009 16:42:39

Reaction Completed Successfully!

Maximum temperature: 151 C
Maximum pressure: 3 BAR
Time to obtain setpoint: 19:51 mm:ss
Time at setpoint: 45:11 mm:ss
Time cooling: 08:47 mm:ss

Abb. 91: : Temperatur-, Ernergieeintrags- und Druckverlauf der Claisenumlagerung von Allylvinylether (2).

Reaction
SG 83 SG81   User: Niehaus   10mL Vessel   Snap Cap

Method Parameters

Name:	SG81	Power(W):	300
Type:	Fixed Power	Time(hh:mm:ss):	01:00:00
		Safe Temp(C):	300

Graphs

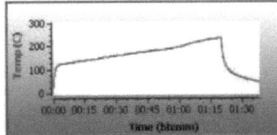 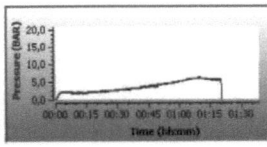 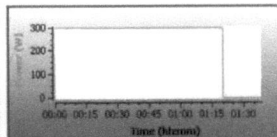

Method Summary

Reaction started: 09.06.2009 16:05:43
HOT KEY: Changed time from 01:00:00 to 32:10   09.06.2009 16:53:34
Reaction cooling started: 09.06.2009 17:25:44
Cooling/Reaction ended: 09.06.2009 17:44:03

Reaction Completed Successfully!

Maximum temperature: 237 C
Maximum pressure: 6 BAR
Time to obtain setpoint: 00:00 mm:ss
Time at setpoint: 01:20:01 mm:ss
Time cooling: 18:19 mm:ss

Abb. 92: Temperatur-, Ernergieeintrags- und Druckverlauf der Claisenumlagerung von Allylvinylether (3).

11.2 Anhang B

Bedingungen und Ergebnisse der Festbettsynthese von 4-Pentenal aus Allylalkohol

Tab. 12: Ergebnisse der Festbettsynthese von 4-Pentenal mit Aluminiumoxid 90 als Festbett.

Fraktion	Gewicht der Fraktion [g]	Kopftemperatur [°C]	Ausbeute an 4-Pentenal [g/g]
1	4.4	60-78	41
2	6.1	80	24
3	6.9	80	64
4	7.2	80	58
5	8.2	80	49
6	5.5	80	38
7	7.0	120	24
8	4.2	120	14
9	5.4	130	9

Bedingungen: 24.6 g Aluminiumoxid Festbett, Ölbadtemperatur 190 °C, Festbetttemperatur 240 °C.

Tab. 13: Ergebnisse der Festbettsynthese von 4-Pentenal mit Sicapent® als Festbett.

Fraktion	Gewicht der Fraktion [g]	Kopftemperatur [°C]	Ausbeute an 4-Pentenal [g/g]
1	4.6	73	35
2	8.2	70	20
3	8.0	75	8
4	8.2	78	4
5	6.6	73	1
6	9.2	88	0
7	2.6	90	0

Bedingungen: 10.2 g Sicapent® Festbett, Ölbadtemperatur 190 °C, Festbetttemperatur 240 °C.

Tab. 14: Ergebnisse der Festbettsynthese von 4-Pentenal mit Sicapent® als Festbett.

Fraktion	Gewicht der Fraktion [g]	Kopftemperatur [°C]	Ausbeute an 4-Pentenal [g/g]
1	2.4	50	9.6
2	2.5	60	17.5
3	2.9	70	23.7
4	1.5	75	20.1
5	3.9	75	14.6
6	3.7	78	8.9
7	4.1	78	5.2
8	2.8	80	3.2
9	4.6	90	2.4
10	3.5	90	2.5

Bedingungen: 6.3 g Sicapent® Festbett, Ölbadtemperatur 166 °C, Festbetttemperatur 226 °C.

Tab. 15: Ergebnisse der Festbettsynthese von 4-Pentenal mit Sicapent® als Festbett.

Fraktion	Gewicht der Fraktion [g]	Kopftemperatur [°C]	Ausbeute an 4-Pentenal [g/g]
1	2.1	60	20.1
2	2.1	70	25.9
3	3.5	75	24.1
4	3.6	75	11.3
5	4.5	75	9.9
6	4.3	81	8.5
7	4.3	81	4.8
8	4.3	85	1.3
9	2.5	60	1.0

Bedingungen: 6.1 g Sicapent® Festbett, Ölbadtemperatur 180 °C, Festbetttemperatur 220 °C.

Tab. 16: Ergebnisse der Festbettsynthese von 4-Pentenal mit Sicapent® als Festbett.

Fraktion	Gewicht der Fraktion [g]	Kopftemperatur [°C]	Ausbeute an 4-Pentenal [g/g]
1	1.3	50	46
2	1.9	60	46
3	2.4	70	44
4	3.1	75	42
5	3.1	75	40
6	5.2	75	10
7	4.4	78	32
8	6.9	78	8
9	8.3	78	33
10	9.8	78	28
11	8.9	80	26
12	7.9	90	17
13	8.0	90	11
14	6.5	90	7

Bedingungen: 7.4 g Sicapent® Festbett, Ölbadtemperatur 163 °C, Festbetttemperatur 256 °C.

Danksagung

Ich möchte an dieser Stelle all jenen danken, die mich in den Jahren meines Studiums und besonders während der Anfertigung dieser Arbeit, unterstützt haben:

- Prof. Dr. G. A. Luinstra für die Möglichkeit diese Arbeit in seinem Arbeitskreis anzufertigen. Vor allem bedanken möchte ich mich für die vielen Freiheiten und die sehr gute Unterstützung, die ich während meiner Promotion von Ihm erfahren habe.

- Den Mitgliedern des Arbeitskreises für ein sehr positives Arbeitsklima, eine gute Zusammenarbeit, den vielen anregenden Diskussionen und insgesamt für die schöne Zeit. Die wirklich schönen drei Jahre, auf die ich immer positiv zurückblicken werde, habe ich vor allen auch euch zu verdanken.

- Inge Schult für rasche und kompetente Messung der NMR-Spektren.

- Stefan Bleck für die Anfertigung der GPC-Messungen.

- Kathlen Prunsch für die sehr gute Zusammenarbeit.

- Meinen Bachelor- und Schwerpunktpraktikanten (André, Anja, Anna, Arthur, Daniel, Jan, Matthias und Marvin) deren Betreuung mir während meiner Promotion sehr viel Freude bereitete. Ich hoffe, dass ich euch in eurer Entwicklung als Wissenschaftler fördern konnte.

Abschließend noch ein besonderer Dank an meine Eltern, die mich immer und unermüdlich auf meinem Weg unterstützt und all dies erst ermöglicht haben. Ohne ihren Rückhalt hätte mein Studium sicher nicht absolvieren können.

i want morebooks!

Buy your books fast and straightforward online - at one of world's fastest growing online book stores! Environmentally sound due to Print-on-Demand technologies.

Buy your books online at
www.get-morebooks.com

Kaufen Sie Ihre Bücher schnell und unkompliziert online – auf einer der am schnellsten wachsenden Buchhandelsplattformen weltweit! Dank Print-On-Demand umwelt- und ressourcenschonend produziert.

Bücher schneller online kaufen
www.morebooks.de

 VDM Verlagsservicegesellschaft mbH
Heinrich-Böcking-Str. 6-8　　Telefon: +49 681 3720 174　　info@vdm-vsg.de
D - 66121 Saarbrücken　　　Telefax: +49 681 3720 1749　　www.vdm-vsg.de

Printed by Books on Demand GmbH, Norderstedt / Germany